专项职业能力考核培训教材

情绪疏导

本书编委会　组织编写

中国劳动社会保障出版社

图书在版编目(CIP)数据

情绪疏导 / 本书编委会组织编写. -- 北京：中国劳动社会保障出版社，2023
专项职业能力考核培训教材
ISBN 978-7-5167-6213-4

Ⅰ.①情… Ⅱ.①本… Ⅲ.①情绪–自我控制–职业培训–教材 Ⅳ.①B842.6

中国国家版本馆 CIP 数据核字（2023）第 233043 号

中国劳动社会保障出版社出版发行

（北京市惠新东街 1 号　邮政编码：100029）

*

北京市白帆印务有限公司印刷装订　　新华书店经销

787 毫米 × 1092 毫米　16 开本　16.5 印张　304 千字
2023 年 12 月第 1 版　2023 年 12 月第 1 次印刷

定价：46.00 元

营销中心电话：400-606-6496
出版社网址：http://www.class.com.cn

版权专有　　侵权必究

如有印装差错，请与本社联系调换：(010)81211666
我社将与版权执法机关配合，大力打击盗印、销售和使用盗版图书活动，敬请广大读者协助举报，经查实将给予举报者奖励。
举报电话：(010)64954652

本书编审人员

主　编　林大熙

副主编　蔡韦龄　廖美玲

编　者　高　华　林巧明　冯　伟

主　审　魏　玲

前　言

职业技能培训是全面提升劳动者就业创业能力、促进充分就业、提高就业质量的根本举措，是适应经济发展新常态、培育经济发展新动能、推进供给侧结构性改革的内在要求，对推动大众创业万众创新、推进制造强国建设、推动经济高质量发展具有重要意义。

为了加强职业技能培训，《国务院关于推行终身职业技能培训制度的意见》（国发〔2018〕11号）、《人力资源社会保障部　教育部　发展改革委　财政部关于印发"十四五"职业技能培训规划的通知》（人社部发〔2021〕102号）提出，要完善多元化评价方式，促进评价结果有机衔接，健全以职业资格评价、职业技能等级认定和专项职业能力考核等为主要内容的技能人才评价制度；要鼓励地方紧密结合乡村振兴、特色产业和非物质文化遗产传承项目等，组织开发专项职业能力考核项目。

专项职业能力是可就业的最小技能单元，劳动者经过培训掌握了专项职业能力后，意味着可以胜任相应岗位的工作。专项职业能力考核是对劳动者是否掌握专项职业能力所做出的客观评价，通过考核的人员可获得专项职业能力证书。

为配合专项职业能力考核工作，我们组织有关方面的专家编写了本套专项职业能力考核培训教材。教材严格按照专项职业能力考核规范编写，内容充分反映了专项职业能力考核规范中的核心知识点与技能点，较好地体现了科学性、适用性、先进性与前瞻性。相

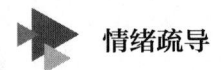 情绪疏导

关行业和考核培训方面的专家参与了教材的编审工作,保证了教材内容与考核规范、题库的紧密衔接。

专项职业能力考核培训教材突出了适应职业技能培训的特色,不但有助于读者通过考核,而且有助于读者真正掌握相关知识与技能。

本教材在编写过程中得到了阳光学院职业教育学院、阳光学院儿童发展与教育学院、闽南师范大学教育与心理学院等单位的大力支持与协助,在此表示衷心感谢。

教材编写是一项探索性工作,由于时间紧迫,不足之处在所难免,欢迎各使用单位及读者提出宝贵意见和建议,以便教材修订时补充更正。

本书编委会

目 录

培训任务 1 　健康心理学

学习单元 1 　心理学基本知识 …………………………… 2
学习单元 2 　健康心理认知 ………………………………24
学习单元 3 　心理健康标准与评价 ………………………30
学习单元 4 　压力与健康心理 ……………………………42

培训任务 2 　情绪疏导诊断

学习单元 1 　初诊接待 ……………………………………54
学习单元 2 　摄入性会谈 …………………………………61
学习单元 3 　临床资料的整理与评估 ……………………71
学习单元 4 　初步诊断 ……………………………………77

培训任务 3 　情绪疏导测量技术

学习单元 1 　概述 ………………………………………102
学习单元 2 　心理测验的准备及实施 …………………108
学习单元 3 　焦虑自评量表 ……………………………113
学习单元 4 　抑郁自评量表 ……………………………116

学习单元 5	情绪调节问卷	119
学习单元 6	90 项症状自评量表	121
学习单元 7	艾森克人格问卷	126

培训任务 4　情绪疏导关系建立技术

学习单元 1	尊重	132
学习单元 2	真诚	134
学习单元 3	共情	136
学习单元 4	积极倾听	138

培训任务 5　情绪疏导方案的制定

| 学习单元 1 | 商定情绪疏导目标 | 142 |
| 学习单元 2 | 商定情绪疏导方案 | 144 |

培训任务 6　情绪疏导操作方法

学习单元 1	放松训练	148
学习单元 2	合理情绪疗法	157
学习单元 3	系统脱敏疗法	169
学习单元 4	简易行为矫正疗法	177
学习单元 5	正念疗法	192

培训任务 7　情绪疏导方案的实施

学习单元 1　团体情绪疏导方案的设计和实施　200

学习单元 2　情绪疏导基本会谈技术 ………………………………………… 211

　　学习单元 3　情绪疏导效果评估技术 ………………………………………… 218

　　学习单元 4　情绪疏导结束技术 ……………………………………………… 220

培训任务 8　情绪疏导的伦理道德规范与法律法规要求

　　学习单元 1　情绪疏导伦理道德规范 ………………………………………… 224

　　学习单元 2　情绪疏导法律法规要求 ………………………………………… 239

参考文献 ……………………………………………………………………………… 248

附录 1　情绪疏导专项职业能力考核规范 ………………………………………… 250

附录 2　情绪疏导专项职业能力培训课程规范 …………………………………… 252

培训任务 1

健康心理学

学习单元 1

心理学基本知识

知识要求

本学习单元主要介绍心理实质、心理学的研究原则和研究方法、心理学派的基本观点等知识。

一、心理实质

1. 心理学的由来

心理学是一门古老而又年轻的科学。德国著名心理学家艾宾浩斯说过:"心理学有一个长的过去,但只有一个短的历史。"这句话正确地概括了心理学发展的历史。

自古以来,人们就对心理现象有着浓厚的兴趣。中外哲学家、思想家在说明物质和意识的关系时,都阐述过他们对心理现象的观点。

在中国,心理学思想的出现可追溯至先秦时期,诸子百家都有其各自的理论观点,对先天遗传和后天环境对人心理发展的影响也有争论。孔子说过:"性相近也,习相远也。"他认为人的本性是相近的,人和人之间的差别主要由后天生活造成。在人性的善恶问题上,孟子主张人的本性是善的;荀子主张人的本性是恶的;世硕主张人的本性是有善也有恶的;告子主张人的本性是无善无恶的。

在欧洲,心理学思想的出现可追溯到古希腊亚里士多德时代。亚里士多德在《论灵魂》中,对灵魂的实质、灵魂与身体的关系、灵魂的种类与功能等问题进行了理论上的探讨。在他看来,自由而不受阻碍的活动会产生愉快的情感,这种情感具有积极的作用。反之,活动受阻碍将会产生不愉快的情感,这种情感具有消极的作用。这些思想对当代心理学的思潮有重要启发。

古代心理学有很多有价值的观点,但这些观点仅仅是思辨和总结个人经验的结果,只能算是心理学思想,不具备实证的性质,因而十九世纪以前,心理学一直隶属于哲学范畴。1879 年,德国著名心理学家冯特在莱比锡大学创建了世界上第一个心理学实验室,开启了在实验室对心理现象的系统研究,这标志着心理学作为一门独立学科诞生了。从十九世纪末到二十世纪二三十年代,心理学处于学派林立的时期,各学派心理学家在建构理论体系方面存在分歧。但这种学派纷争的局面并没有持续太久,大约二十世纪三十年代以后,各学派就出现了相互吸收、互相融合的新局面。

2. 心理学的研究内容

心理学是研究心理现象的科学。心理学以人的心理现象为主要研究对象,个人所具有的心理现象被称为个体心理。个体心理非常复杂,总体来说,可以分为认知、需要和动机、情绪情感和意志、能力和人格等方面。

(1)认知。认知又称认识,是指人认识外界事物的过程,也可以说是对作用于人的感觉器官的外界事物进行信息加工的过程。它包括感觉、知觉、记忆、想象、思维和语言等心理现象。人脑接受外在信息,将其加工处理,转换成内在心理活动,再支配人的行为的过程就是信息加工的过程,也就是认知过程。人能通过各个感觉器官认识作用于它的事物的属性,这就产生了感觉,如感觉到光的明暗、声音的大小、颜色的深浅、物体的软硬、气味的香臭等。人又能把各种感觉结合起来,产生对事物整体的认识,这就是知觉,如听到一段悦耳的音乐、摸到一块坚硬的石头等。感觉和知觉都是对事物外部现象的认识,属于感性认识阶段。人通过思维能产生对事物本质的认识,这是由表及里、去粗取精的过程,如对原子内部结构的认识、对物种进化规律的认识等。这种过程的产生依赖于记忆,记忆提供了过去获得的经验,使人能把过去的经历和现在的经历联系起来加以对照,从而认识到事物的本质和事物之间的内在联系,达到理性认识。这样,人不仅认识到某种现象,而且知道这种现象是怎么发生的,能够知其然也知其所以然。

(2)需要和动机。人的认知是在动机支配下实现的,所谓动机是指推动人的活动并使活动朝向某一目标发展的内部动力。例如,一个人希望得到其他人的认可,并享有一定的社会地位,这种内部动力会推动他勤奋、努力。动机的基础是人的各种需要,

人有生理的需要如食物、性、睡眠等，也有社会的需要如自尊和尊重的需要、人际交往的需要、获取成就的需要等。当人意识到某种需要的时候，这种需要就转化成推动人从事某种活动，并朝向一定目标前进的内部动力。所以，需要和动机是推动人从事心理活动的内部动力。

（3）情绪情感和意志。情绪情感是在认知的基础上产生的，人在认识事物的过程中，不仅能认识事物的关系、属性及其特征，还会产生对事物的态度，产生喜爱、厌恶、憎恨等主观体验，这就是人的情绪或情感。人是一个整体，人的健康与情绪有密切关系。随着社会竞争的日趋激烈，情绪因素对心理健康影响的程度也逐渐加深。我国自古就有喜伤心、怒伤肝、思伤脾、忧伤肺、恐伤肾之说。工作的顺利进行、温馨的家庭氛围、亲戚朋友的关心支持等，会让人产生快乐、兴奋或喜悦的情绪；而工作遇到挫折、家庭成员发生冲突、亲戚朋友的冷漠等，会让人产生失落、沮丧、痛苦或愤怒的情绪。积极的情感体验会使人产生积极的心态，令人积极进取；消极的情感体验会使人产生消极的心态，令人消沉、沮丧。所以，个体有必要提升自身的情绪疏导能力，以更加积极、健康的心态面对生活。

人不仅能认识世界，对事物产生积极或消极的情感，而且能在自己的活动中有目的、有计划地改造世界。心理学把这种自觉地确定目的，并为实现目的而自觉支配和调节行为的心理过程称为意志。

（4）能力和人格。认知、需要、动机、情绪情感和意志是以过程的形式表现出来的，它们都有发生、发展和结束的不同阶段。这些心理现象是人人都有的，但是，每个人所表现出来的心理现象又会有其特性。一个人的心理特性表现在他的心理活动动力上，也表现在他的能力和人格上。能力是顺利、有效地完成某种活动所必须具备的心理条件。例如，音乐能力需要具备灵敏的听觉分辨能力、节奏感、旋律的记忆力、想象力等心理条件，一个人不具备这些心理条件就很难从事音乐活动，但他可能具备从事美术活动的心理条件，如有敏锐的视觉辨别能力和观察力以及良好的形象记忆和形象思维能力，这就能让这个人顺利、有效地完成美术活动。人格是由气质和性格组成的，气质相当于平常所说的脾气、秉性，它是心理活动动力特征的总和，即表现在心理活动的速度、强度和稳定性方面的人格特征。有人暴躁，有人温顺，有人活泼好动，有人沉默寡言，这些都是气质。性格是表现在人对事物的态度以及与这种态度相适应的行为方式上的人格特征。有人热爱集体、大公无私，有人不热爱集体、自私自利；有人总会表现出积极、乐观的情绪状态，有人则总是消极、悲观；有人意志力坚定，有人意志力薄弱；有人善于思考，有人不爱动脑筋、遇事缺乏主见：这些都是人的性格的表现。

认知、需要和动机、情绪情感和意志、能力和人格这些心理现象，是彼此联系、密不可分的，只是出于科学研究的需要，才把这些心理现象——分解出来，探讨它们各自的规律。在探讨这些心理现象的规律时，还必须探讨它们之间是怎么相互联系起来成为一个整体的。

二、心理学的研究原则和研究方法

1. 心理学的研究原则

（1）主客观资料科学整合的原则。主客观资料科学整合原则是指在对人进行心理研究时必须把所收集到的主观资料与客观资料科学地整合起来。人的心理是极其复杂多变的，全面认识并解释它并不是容易的事情，因为人的心理具有主观性和私密性，有时人所表现出来的行为和内在心理活动并不完全一致，有时二者甚至是完全相反的，所以如果仅仅观察一个人的外显行为，就无法对其心理进行全面分析。这就需要将人的内部心理活动进行标准化计量，并与外部观察总结出的资料进行相互印证、科学整合。

（2）辩证发展的原则。从婴儿期、幼儿期、童年期、少年期、青年期、中年期到老年期，人的心理也在经历着发生、发展、成熟和衰老的过程。即使是某一心理现象，如人的情绪情感，也是发展变化的。婴儿的情绪基本上都是生理性的、本能的反应；幼儿的情绪开始向社会性情感体验发展，开始有自尊和羞愧等情绪体验；童年期的小孩道德情感日益丰富，逐渐产生移情、内疚、良心等情绪情感；青少年情绪情感体验更为强烈，表现为烦恼增多，孤独感、压抑感增强，情绪不稳定、起伏多变；人到了中老年时期，情绪情感趋于稳定。不同的心理现象是相互联系、相互制约的，比如没有感性认识就没有理性认识，感性认识越丰富就越能认识到事物的本质。所以，需要用辩证发展的眼光来看待人的心理，并看到各种心理现象之间的密切联系。

（3）以人为本的原则。心理学的研究对象主要是有生命的人，在研究过程中，从业者需要遵守以人为本的原则，尊重被试者，关爱被试者。从业者在开展研究时，需要详细评估被试者可能面临的风险及研究过程中可能伤及心理健康的因素，并做到以下几点：一是保护被试者的隐私，确保其不被泄露，包括姓名、年龄、职业等；二是遵循自愿原则，不能强迫被试者参与研究，且被试者有选择权，可自愿加入或退出相关研究；三是做到知情同意，被试者参与研究时要知晓整个研究过程中将要做什么，且同意参与。

 情绪疏导

2. 心理学的研究方法

心理学研究对象具有特殊性，在遵循主客观资料科学整合、辩证发展、以人为本的原则下，根据实际研究需求，可选取不同的研究方法。经过心理学学者长时间的探索，一套系统、严谨的研究心理现象的方法已经形成。常用的心理学研究方法包括观察法、测验法、个案法和实验法，具体见表1-1。

表1-1　　　　　　　　　　常用的心理学研究方法

研究方法	定义	优点	缺点
观察法	在自然条件下，有目的、有计划地系统观察人的行为和活动，从中发现心理现象产生和发展规律的方法	1. 能收集到第一手资料 2. 能了解到真实状况	1. 难以进行重复观察，观察结果难以检验和证实 2. 难以进行精确的分析 3. 观察时可能出现不需要研究的现象 4. 容易受到观察者兴趣、知识经验和观察技能等影响，客观性较弱
测验法	用一套预先经过标准化的量表来测量某种心理品质的方法	标准化程度高、收效快	1. 被调查者由于自我防卫、理解或记忆错误等，可能做出虚假或错误回答 2. 被调查者的回答很难加以验证
个案法	对某一被试者进行多方面的深入研究的方法，目的在于发现影响某种心理和行为的原因	1. 内容丰富、翔实 2. 可以对个体展开深度研究 3. 可促使研究者从当事人的角度了解个体对事物的看法 4. 有助于深入研究某些特殊现象	1. 研究成果难以产生普遍适用的规律和行为原理 2. 个案研究大多借助访谈进行，被试者的报告可能有偏差 3. 不能进行因果关系的推论
实验法	在控制条件下对某种心理现象进行观察的方法	1. 有助于发现事物的因果关系 2. 结果可反复验证	实验情形有极大的人为性质，影响实验结果在日常生活中的应用

三、心理学派的基本观点

1. 精神分析学派的基本观点

精神分析是现代西方心理学的主要流派之一。弗洛伊德是经典精神分析学派的创始人，他根据自己的临床实践经验，主要围绕无意识及其探索方法、心理结构、焦虑和防御机制、心理性欲发展阶段等方面进行了系统的阐述。

（1）无意识及其探索方法

1）无意识理论。弗洛伊德为人类描绘了一幅立体的心理结构图。传统心理学所谓的"心理"只是这一结构的表层，即意识层。意识是在任何时刻都被知觉到的一些心理要素，它具有逻辑性、时空规律性、现实性的特点。而在心理结构中还存在一个比意识层更为广袤、复杂、隐秘和富有活力的潜意识层面。如果说人的心理像一座在大海上漂浮的冰山，那么意识只是这座冰山在海面上的可见的小部分，而潜意识则是藏在海水中的更巨大的部分。潜意识层面又可以分为前意识层和无意识层。前意识层位于意识层和无意识层之间，它由那些虽不能即刻回想起来，但经过努力可以进入意识领域的主观经验组成。它的主要作用是检查，即不允许那些使人焦虑的创伤性经验、不良情感以及为社会道德所不容的原始欲望和本能冲动进入意识领域，并把它们压抑到无意识中。弗洛伊德认为，意识和前意识虽有区别，但没有不可逾越的鸿沟，前意识可以通过回忆进入意识中，意识没有被注意时也可以转入前意识中。无意识层是人格最深层的部分，它包括人意识不到的、不曾在意识中出现的心理活动，以及曾是意识但已受压抑的心理活动。无意识层主要有原始的冲动和各种本能，通过遗传得到的人类早期经验、个人遗忘了的童年时期经验和创伤性经验，不合伦理的各种欲望和感情。无意识是人格中最强大、最有力量的部分，虽然它不能被意识到，但它对人的一切行为都产生影响，影响人的思维、感知、行为，以及健康状况、爱好、习惯等。意识、前意识、无意识三者之间的关系如图 1-1 所示。

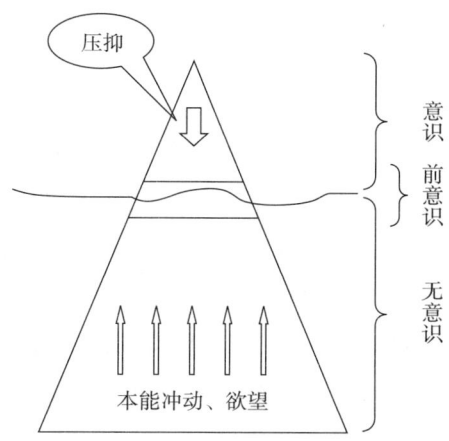

图 1-1 意识、前意识、无意识三者之间的关系

人的心理活动可按有意识和无意识分类。有意识的心理活动比较容易理解，如有意识地去看、去听、去注意、去思考、去想象，这是人们在学习、生活中无时无刻不存在的心理活动。人还有一种无意识的心理活动，比如父母带着孩子出门时，总会耐心地教孩子怎么记住回家的路，孩子自己也会有意识地去记住沿途的一些标志物，如

电线杆、商店、招牌、十字路口等。等到孩子稍大一些的时候，不论是去学校还是回家，就不再边走边记沿途的标志物了，而是该拐弯时便拐弯，不知不觉就到学校或家里了。这种不知不觉识别上学或回家路线的心理活动，就是一种无意识的心理活动。无意识的心理活动普遍存在于日常生活之中，因为人不必为它做出努力，所以能缓解有意识心理活动带来的疲劳，使人变轻松。

2）无意识心理探索方法。探索无意识心理的方法主要有自由联想、梦的分析、日常生活中的失误、幽默等。

①自由联想。自由联想的目的是抑制自我检查机制，使无意识内容有机会流露。具体做法是让来访者在完全放松警惕的情况下，随时把浮现于头脑里的任何想法全部说出来，无论这些想法是多么零碎、多么缺乏逻辑。可以这样引导来访者说出他们的想法："你会发现，你会由于某种批评或反对而想把头脑中出现的想法抛在一边，你会认为这些东西与当前无关，或者非常不重要，或者不合情理，所以就不必说出来了。你必须不服从这些批评或反对，无论如何都要说出来……"这样引导之后，即使来访者在有意识地表达，也会涉及无意识的心理内容。在自由联想过程中，来访者总要受到自我防御机制的干扰而产生抗拒。因此，情绪疏导人员对这些抗拒的关注、化解和解释就成了自由联想的重要任务。在整个自由联想过程中，情绪疏导人员应鼓励来访者表达出强烈的感觉，并且除了关注来访者的抗拒之外，尽量不向来访者表露自己的所思所想，应让来访者不停地说话，说出想到的每一件事。来访者的表达常为情绪疏导人员探索其潜藏的问题提供线索。

②梦的分析。梦的分析是通往无意识的捷径。弗洛伊德在《梦的解析》一书中指出，梦的内容与被压抑的无意识幻想有着某种联系。人能讲出来的梦境是梦的显意，其背后存在隐意。弗洛伊德认为清白无邪的梦是披着羊皮的狼，当对这些梦进行分析时，它们的含义可能与其表象正相反，因为梦中无意识的表达冲动受到意识的阻碍，所以梦就不得不以一种伪装的方式工作。梦的工作有四种重要类型：凝缩、置换、象征和修饰。凝缩是指梦将一些内容进行压缩或精简，使其只以残缺的形式出现；置换是指梦将主要部分放置到不被人注意的无关紧要的部分，如一个重要的观念在梦中却占据次要地位，或大事变成小事；象征是指梦用替代物来间接表达，即在梦中一些内容以改头换面的方式出现；修饰是指梦把无条理的材料加以系统化，将无序变成有序的明晰状态，以掩盖真相。

③日常生活中的失误。日常生活中的失误是深层无意识愿望的流露，是通往无意识的重要路径之一。生活中的过失行为主要有口误、笔误、遗忘、丢失等。口误是把一个词说成另一个与它相似的词，或把自己打算说的话说成正好相反的话，比如"开会"说成"闭幕"。笔误即写错别字，它与口误的内在机制相似，比如将"我在用老鼠

和豚鼠做实验"写成"我在用人类做实验"。遗忘是指在某种情况下，一个人把本来很熟悉的印象、决定、人名等和预定好的计划全然忘记，弗洛伊德认为遗忘是压抑导致的，具有动力学的意义。丢失是指熟悉的东西突然找不到了，是某种潜意识动机在起作用，即利用过失并以各种方式来达到自己的目的，比如丢失一件物品的潜意识动机可能是想换一个更好的、对此物品不喜爱、对赠送物品的人有不快感或不愿回忆取得此物品时的情景等。

④幽默。幽默是指将被压抑的想法以社会认可的方式表达出来，是无意识的表现方式之一。弗洛伊德认为，幽默是一个人不用担心自我或超我的限制，能够表达出攻击性或性欲望的一种有效方式，从而间接地满足不可接受的冲动。弗洛伊德认为，人更喜欢有敌意的幽默，有敌意的幽默能把人的敌意以社会可接受的、轻松的方式表达出来，使人的紧张情绪得以宣泄。

（2）心理结构。弗洛伊德认为心理结构由三部分构成——本我、自我、超我。本我是人格的核心，是个体完全意识不到的心理领域，是不受物理和社会约束的反射行为，遵循享乐原则。自我主要处理个体与环境的关系，根据现实情况来满足本我的欲求，遵循现实原则。超我是道德原则的维护者，代表社会、父母的价值和标准，遵循道德原则。本我是人格中的生理成分，自我是人格中的心理成分，超我是人格中的社会成分。本我代表不受控制的生物驱力，超我是社会良心之声，自我是调节本我和超我并与现实打交道的理性思维，三者之间存在交互作用。自我在超我的监督下，按现实可能的情况，允许来自本我的冲动有限地表现出来。在一个健康的人格当中，这三部分的作用必然是均衡、协调的。

（3）焦虑和防御机制。在心理结构中，当自我不能很好地协调本我和超我之间的关系时，个体就会焦虑。焦虑是一种被感觉到的、不愉快的感情状态，它伴随着一种警告人们预防迫近危险的生理感觉。焦虑根据来源不同可划分为现实焦虑、神经性焦虑、道德性焦虑。现实焦虑又称客观焦虑，是指由环境中真实危险引起的焦虑，多见于正常人，如演讲者参加一次重要演讲前往往感到焦虑、紧张。神经性焦虑是由于担心失去对本我的控制会带来潜在危险而产生的，这种焦虑不是对本我自身的恐惧，而是害怕冲动带来惩罚的结果，多见于神经症患者，如总是担心乘车会出意外因而不敢乘车。道德性焦虑是当自我意识到来自良心的危险，惧怕因做了或想到某些违反道德规范的事情会受到惩罚而体验到的罪恶感与羞耻感，如婚内出轨的人感到自责和内疚。

当自我采用常规、理性的方法依然不能缓解焦虑时，个体就会转而采用一系列的防御机制来躲避焦虑。常见的自我防御机制有以下几种。

1）压抑。压抑是指把意识不能接受的欲望、冲动和经验等，在不知不觉中排斥到无意识中去，使它们无法进入意识层面，以免形成焦虑、恐惧等情绪压力或痛苦。压抑是最基本和最重要的防御机制，被称为整个精神分析理论结构的基石。在压抑过程中，那些太具有威胁性或太痛苦的冲动或记忆内容被个体从意识中排除出去，压抑至无意识层面。压抑需要耗费大量的能量，会导致自我不能正常运作，而精神分析的目的就是要将压抑的东西释放出来，解放自我。例如，某位女士忘记自己的结婚戒指放在哪儿了，怎么也找不到。这件事表面看是偶然的，其实是这位女士对丈夫的不满情绪和离婚欲望被压抑在无意识中，通过一种扭曲的形式在意识和行为中的表露。

2）投射。投射是指把自我不被接受的冲动、意念、态度和行为推向别人或周围的事物上。例如，一个人不喜欢某人就会认为周围其他人也不喜欢这个人，一个小气的人会指责周围人都是吝啬鬼。

3）合理化。合理化是指用一种自我能接受、超我能宽恕的理由来代替自己行为的真实动机或理由，又称文饰作用。例如，一名高三学生因为没有考上大学而懊恼不已，为了解脱自己就这样说："为什么要读大学呢，寒窗之苦还没受够吗？我再也不想读书了！"又如，鲁迅小说中的人物阿Q在挨揍时嘴里念叨着"儿子打老子"。合理化的目的有两个：一是当人不能完成目标时，它能缓解人的失望情绪；二是为人的行为提供可接受的动机。

4）替代。替代是指个体将对某人或某物的情绪反应转移给其他对象，借以寻求发泄的过程。例如，某位男士在家和妻子吵架后到单位将怨气发泄到同事身上，又因为在单位受到领导的批评，回家后拿妻子、孩子或者宠物出气。

5）否认。否认是指拒绝承认使人感到焦虑和痛苦的事件，如同其根本未发生过。与压抑不同，否认不是说不记得了，而是坚持某些事不是真实的。否认常常在亲人亡故时出现，如一对中年夫妇失去了独生子，但每次吃饭时还会为他摆上碗筷，并常对别人说儿子只不过是出远门了。否认有一定的适应作用，有时冲击太强烈，否认可以给人时间以逐渐接受残酷的事实。

6）升华。升华是指把某些本能的冲动和欲望用社会许可的思想和行为方式表达出来。例如，一名保险公司的火灾调查员，每次知道有火灾发生就马上跑过去了解情况，以便调查起火原因，帮助公司鉴定是否需要理赔。这名火灾调查员每到一处火灾现场，都会产生一种说不出的兴奋感，因为他从小就有玩火的欲望，但他没有变成纵火犯随便去放火，反而善加利用这种欲望，成为一名火灾调查员。

（4）心理性欲发展阶段。弗洛伊德认为，每个儿童都要经历特定次序的心理发展阶段，每个阶段都有相应的性敏感区和主要发展任务。弗洛伊德确信，个体在5岁以前已经经历了一生中人格发展最关键的阶段。在每个阶段中，本我的冲动集中于身体的特定部位及与这些部位有关的活动上。在心理性欲发展从一个阶段到下一个阶段时，若儿童未满足或过度满足，则可能导致其心理发展固着在某一阶段，并对人格发展产生持久的影响。例如，过早断奶没能充分享受吮吸乐趣的婴儿可能固着在口唇期，长大后可能极度依赖他人，嗜好口唇快感，表现为抽烟、过度饮食，具有口腔人格。弗洛伊德心理性欲发展阶段见表 1-2。

表 1-2　　　　　　　　　　　弗洛伊德心理性欲发展阶段

阶段	年龄	性敏感区	主要发展任务（潜在冲突源）	固着后的成人性格特点
口唇期	0~1 岁	口	断奶	依赖他人
肛门期	1~3 岁	肛门	上厕所的训练	杂乱无章、吝啬、固执，或者相反
性器期	3~6 岁	生殖器	性别认同	道德约束力弱，难以与权威人士相处
潜伏期	6~12 岁	无特定区域	防御机制的发展	无（一般在此阶段不会发生固着）
生殖期	12~18 岁	生殖器	成熟的性亲密行为	过度依赖父母，喜欢同性

2. 行为主义学派的基本观点

行为主义学派创立于二十世纪初期，是西方心理学的主要流派之一，也是影响较大的心理学流派之一。行为主义学派倡导的行为疗法是根据学习理论或条件反射理论、技术等来矫正和消除来访者建立的异常的条件反射行为，或通过对个体进行反复的训练建立新的条件反射行为，以改变、矫正不良行为的一类心理治疗方法。新行为主义理论认为，有机体不是单纯地对刺激做出反应，它的行为总是趋向或避开一个目标。在动物和人的目的行为之间，必须有一个"中介"因素，这就是个体的认知。也就是说，在"S（刺激）-R（反应）"过程中加进一个中介变量"O"，使行为主义的模式变为"S-O-R"。行为主义学派的许多技术在心理咨询领域被广泛使用，常用技术包括强化、系统脱敏疗法、行为塑造、模仿与预演、代币制等。

（1）强化。个体做出某行为或反应之后给予其结果性刺激，这一刺激使该行为或反应发生的概率增大，这一过程即强化。结果性刺激就是该操作性行为的强化物。强化分为正强化和负强化。正强化是个体自发做出某种行为或反应后，给予其某种奖励，使行为或反应的强度、发生概率或速度增大的过程；负强化是个体自发做出某种行为或反应后，随即排除厌恶刺激，使此类行为或反应的发生概率增大的过程。

在塑造良性行为时，强化是常用的技术。强化的使用需要注意时机。例如，一名男童用头撞地板，母亲立刻抱起他，结果导致他想引起关注就用头撞地板；另一种情况是该男童以头撞地板，停止后母亲才抱起他，结果是他撞头的行为减少或消失。

强化过程必然有强化物。强化物分为以下三类：初级强化物，如食物、水或糖果；

次级强化物,如金钱、礼物或代币;社会性强化物,如人与人互动过程中的一些温暖举动,也许是夸奖、鼓励的眼神、拍肩、拥抱等。

(2)系统脱敏疗法。系统脱敏疗法是以经典性条件作用为原理的治疗方法,认为行为是经由条件学习而获得,也可以根据反条件的方式让学习解除。系统脱敏疗法又称交互抑制法、缓慢暴露法,主要是通过诱导循序渐进地暴露来访者焦虑等情绪,再应用放松训练,让来访者通过全身肌肉放松来抵抗焦虑等情绪,从而达到消除精神焦虑的目的。人和动物的肌肉放松状态与焦虑情绪状态是对抗的关系,一种状态出现必然会对另一种状态起抑制作用。机体在全身肌肉放松的状态下,各种生理生化反应指标,如呼吸、心率、血压、肌电、皮电等,都会表现出同焦虑状态下完全相反的变化。这一技术的具体操作方法将在后文详细介绍。

(3)行为塑造。行为塑造是对于达成目标行为的"逐渐形成"的一连串动作的设计。例如,刚上一年级的小朋友还不习惯遵守校规,很难安静坐下来认真听课。针对这种情况,老师可采用目标行为逐渐形成的方法。一开始,当小朋友在教室内跑累了,在其靠近自己座位时就给予奖励,这样,小朋友就慢慢学会多靠近自己座位几次;然后把标准提高,等小朋友坐下来时才给予奖励;接着就要求小朋友坐在座位上的时间慢慢加长;最后要求小朋友坐下来专心听课。

(4)模仿与预演。模仿是最简单的学习方式,可通过情绪疏导人员的示范、典范人物的演出、视频的呈现等方式,让来访者观察、依循,并慢慢学会一些渴望的行为。而预演则是在来访者将咨询过程中所学的技术运用于实际生活之前,情绪疏导人员让来访者先做一些练习,帮助来访者熟悉某一技术,预防可能出现的问题并找到解决办法,以降低来访者在接触实际世界及真正行动时失败的概率。

(5)代币制。代币制是在学校教育和家庭教育中经常运用的行为主义技术之一。例如积攒小红花、贴纸等,儿童集满一定数量可以获得一项"特权"或一个"礼物",小红花、贴纸等是象征性的事物。现在许多商店为了鼓励顾客光临,常采用"盖章"或"积分"的方式,承诺顾客在盖满章或积满分之后可以换得折扣或赠品。生活中也有许多代币制的延伸情况,像奖学金、休假等制度的运用。

3. 认知学派的基本观点

认知学派是二十世纪五十年代中期在西方兴起的一种心理学思潮,二十世纪七十年代其开始成为西方心理学的一个主要研究方向。它研究人的高级心理过程,主要是认知过程,如注意、知觉、表象、记忆、思维和语言等。与行为主义心理学家相反,认知学派心理学家研究那些不能观察的内部机制和过程,如记忆的加工、存储、提取和记忆力的改变。以信息加工观点研究认知过程是现代认知心理学的主流,可以说认知心理学相当于信息加工心理学。信息加工心理学将人看作一个信息加工系统，认为认知就是信息加工，包括感觉输入的编码、储存和提取的全过程。按照这一观点，认知可以分解为一系列阶段，每个阶段都是一个对输入信息进行某些特定操作的单元，而反应则是这一系列阶段和特定操作的产物。信息加工系统的各个组成部分之间都以某种方式相互联系着。认知-信息理论认为，心理问题是由不切实际的认知产生的，因而疏导心理问题需要努力改变不合理的认知，以合理信念取代不合理信念。认知学派常用的技术是合理情绪疗法和认知疗法。

（1）合理情绪疗法。合理情绪疗法（rational emotive therapy，RET）又称理性情绪疗法，是二十世纪五十年代由埃利斯在美国创立的，是帮助来访者解决因不合理信念产生的情绪困扰的一种心理治疗方法。合理情绪疗法的基本人性观认为，人既是理性的也是非理性的。常见的不合理信念有绝对化要求、过分概括化和糟糕至极。任何人都可能或多或少地具有某些不合理信念，只不过这些不合理信念在那些有严重情绪障碍的人身上表现得更为明显和强烈，他们一旦陷入这种严重的情绪困扰状态则往往难以自拔，这就需要应用合理情绪疗法加以疏导。例如，一位年轻男士因为失恋而备受打击，他情绪低落，失恋这件事已经影响了他的正常生活，他没办法专心工作，无法集中精力，头脑中只能想到前女友的薄情寡义，他认为自己在感情上付出了却没有收到回报，自己很傻很不幸。于是，他向一名心理医生求助。这名心理医生告诉他，"其实他的处境并没有那么糟，只是他把自己想象得太糟糕了"。在指导他做了放松训练，缓解他的紧张情绪之后，心理医生给他举了一个例子："假如有一天，你在公园的长凳上休息，把你最心爱的一本书放在长凳上，这时一个人径直走过来，坐在长凳上把你的书压坏了。这时，你会怎么想？""我一定很气愤，他怎么可以这样随便损坏别人的东西呢！太没有礼貌了！"年轻人说。"那我现在告诉你，他是个盲人，你又会怎么想呢？"心理医生耐心地继续问。"原来他是个盲人，那么他肯定不知道长凳上放有东西！"年轻人摸摸头，想了一下，接着说："谢天谢地，好在只是放了一本书，要是放了什么尖锐的东西，他就惨了！""那你还会对他愤怒吗？"心理医生问。"当然不会，他是不小心才压坏的，盲人也很不容易的，我甚至有些同情他了。"心理医生会心一笑，说："同样的一件事情——他压坏了你的书，但是前后你的情绪反应却截然不同，你知道这是为什么吗？""可能是因为我对事情的看法不同吧！"年轻人思索着回答。可见，对事情不同的看法能引起不同的情绪。很显然，让人难过和痛苦的不是事件本身，而是对事情的不正确解释和评价。

（2）认知疗法。认知疗法是由贝克在治疗抑郁症的临床实践中逐步创立的。贝克认为，认知产生了情绪及行为反应，异常的认知产生了异常的情绪及行为反应。认知是情感和行为的中介，情感问题和行为问题与歪曲的认知有关。早期经验形成的图式决定着人对事物的认识和评价，成为支配行为的准则。但这些图式存在于无意识中，不为人所感知。一旦发生刺激较为强烈的生活事件，就会有自动思维出现，即图式上升到意识层，进而导致情绪抑郁、焦虑和行为障碍。如此，负性认知和负性情绪互相加强，形成恶性循环，使问题持续加重。常见的负性认知包括任意推断、选择性抽象、过分概括、放大和缩小、个人中心、二分法思维。

4. 人本主义学派的基本观点

人本主义学派在二十世纪六七十年代迅速发展，被称为心理学的第三势力。人本主义学派的主要代表人物有马斯洛、罗杰斯等。1967年，马斯洛当选为美国心理学会主席，这说明人本主义思想已经被大众所接受。人本主义理论的核心内容包括四个方面：强调人的责任、此时此地、从现象学角度看个体、个人的成长。

（1）强调人的责任。即人要对所发生的所有事情负责，这是人本主义理论的基础。有的人经常说"我不得不……"，如"我不得不完成领导安排的任务""我不得不花时间在家人身上""我不得不去和周围人建立良好的关系"等。其实，这些都是人们自己的选择，人们甚至可以选择不做任何事情。在特定的时刻，行为只是每个人自己的选择。人本主义学派心理咨询师在咨询过程中的主要目标是，使来访者认识到他们有能力选择和决定他们想做的事情。

（2）此时此地。生活中总有很多怀旧或无法自拔于过往的人，这些人常常追忆往昔的美好时光，或反复体验以往尴尬的遭遇、痛苦的情景。也有一些人总是在计划将来的日子，而不顾眼前的生活。人本主义理论认为，每天怀旧或做白日梦使人失去了几分钟时间，而人本应该享用这几分钟时间，如呼吸新鲜空气、欣赏日落或做更多有意义的事情。只有按生活的本来面貌去生活，人才能成为真正完善的人；只有生活在当下，人才能充分享受生活。

（3）从现象学角度看个体。人本主义现象学关注个体的直接经验，重视个体的内在感受，将人的心理活动和内在体验作为自然呈现的现象来对待。

（4）个人的成长。人本主义理论认为，人的所有需求即使都得到满足，也不会感到满意或幸福，只有在积极寻求发展的状态中，人才会感到满意或幸福。而且，人会不断努力朝向某种满意状态。人本主义学派心理咨询师允许来访者自己克服困难，继续成长。

四、情绪疏导概述

1. 情绪疏导的概念、意义和作用

（1）情绪疏导的概念。情绪疏导是以心理学理论和方法为基础，通过相关学科知识以及言语和非言语等技能对来访者的情绪问题或发展困惑进行疏泄和引导，进而改变个体的自我认知，提高其行为能力。情绪疏导的对象是心理健康但由于情绪问题，其生活和工作受到不良影响的个体。

 小贴士

情绪疏导和心理咨询的相似之处与区别

1. 情绪疏导和心理咨询的相似之处

情绪疏导源于心理咨询，但又不同于心理咨询。情绪疏导和心理咨询的相似之处主要有以下几点。

（1）所采用的理论方法是基本一致的。比如，情绪疏导人员与心理咨询人员均会采用合理情绪疗法或行为矫正疗法对来访者进行干预。

（2）助人目标是一致的。情绪疏导和心理咨询的目标均是来访者的改变和成长。

（3）都重视与来访者建立良好的人际关系。情绪疏导人员与心理咨询人员都认为这是帮助来访者改变和成长的必要条件。

（4）所解决的主要问题基本相同。情绪疏导和心理咨询要解决的主要问题都是日常生活中的人际关系困惑、职业选择困惑、学习困惑、婚姻家庭困惑等。

2. 情绪疏导和心理咨询的区别

心理咨询和情绪疏导还是存在显著区别的，主要有以下几点。

（1）对象不同。情绪疏导的对象前文已介绍。心理咨询的对象可能是健康的人，也可能是存在心理问题的人。

（2）工作性质不同。情绪疏导是一种协助自我调节的支持性行为，心理咨询是一种心理治疗辅助行为。

（3）对从事人员的要求不同。情绪疏导人员应掌握必要的心理学知识和情绪疏导技术，以及所在社会分工领域的专业知识。心理咨询师应掌握比较全面、系统的心理学理论和应用技术。

（2）情绪疏导的意义。人"喜怒哀乐"的情绪反应，伴随着个体日常工作学习生活全过程。情绪疏导的意义在于可以帮助来访者更好地察觉自己的情绪，进而合理地表达并疏导自己的情绪。每个人都有情绪失控的时候，很多负面情绪会影响人的工作和生活，所以就需要对这些负面情绪加以控制。控制愤怒、悲伤、焦急的情绪各有不同的办法，但都有一个总原则——找到疏导情绪的渠道。情绪得到适当的疏导，不再积压在心里，来访者就可以更好地面对日常工作学习和生活了。

（3）情绪疏导的作用。情绪疏导的作用主要体现在以下几点。

1）引导来访者察觉自己的情绪。也就是说，提醒来访者注意自己当下的情绪是什么。例如，当来访者因为朋友约会迟到而生气时，可以让其问问自己，"我为什么这么想？我现在有什么感觉？"如果来访者察觉自己已对朋友三番两次的迟到而感到生气，那么就可以更好地调节自己的不良情绪。有人认为，人不应该有情绪，所以不肯承认自己有负面情绪。其实，人是一定会有情绪的，压抑情绪反而带来更不好的结果，学着察觉自己的情绪是情绪疏导的第一步。

2）教会来访者适当表达自己的情绪。再以朋友约会迟到的例子来看，来访者生气可能是因为朋友的迟到让其担心。在这种情况下，来访者可以婉转地告诉朋友："你过了约定的时间还没到，我好担心，害怕你在路上发生意外"。这样适当的表达可以让来访者把"我好担心"的感受传达给朋友，让朋友了解迟到会给他人带来什么样的感受。而不适当的表达是指责："每次约会都迟到，你为什么都不考虑我的感受？"指责对方也会引起对方产生负面情绪，使其变成一只"刺猬"，忙着防御外来的攻击，没有办法站在他人的角度思考。

3）启发来访者以适合自己的方式疏导情绪。疏导情绪的方法很多，有些人会痛哭一场，有些人找三五好友诉苦，有些人会逛街、听音乐、散步或逼自己做别的事情，也有些人会选择比较糟糕的方式如喝酒、飙车。注意，疏导情绪的目的在于给自己一个厘清想法的机会，让自己好过一点儿，也让自己更有力量去面对未来，暂时逃避痛苦并不是一个合适的疏导情绪方式。当一个人有不舒服的感觉时，应仔细想想为什么这么难过、生气，要怎么做将来才不会再重蹈覆辙，要怎么做才可以缓解自己的不愉快，这么做会不会带来更大的伤害。可以从以上几个角度去选择适合自己且能有效疏导情绪的方式。

2. 情绪疏导的研究内容

人的认知、情绪情感和意志这三种心理现象是不可分割的。心理学上将认知、情绪情感和意志统称心理过程。心理过程与健康是相辅相成的关系，因此，情绪疏导主要研究人的认知、情绪情感和意志这三种心理现象及其之间的关系。

（1）认知。认知是人类最早发展起来的一种选择能力，包括感觉、知觉、记忆、想象、注意、思维、言语等。人对客观世界的认知开始于感觉和知觉。将感觉和知觉获得的知识经验保留和积累下来的心理过程就是记忆。人凭借在头脑中记忆的具体形象创造新形象的心理过程就是想象。心理活动对一定对象的指向和集中就是注意。人不仅能直接感知事物，认知事物的表面联系和关系，还能运用头脑中已经有的知识经验去间接概括事物，揭露事物的本质及其内在的联系和规律，这个心理过程就是思维。人将思维结果进行交流的活动就是言语。

认知和理解事物是存在个体差异的，因而会有认知风格的差异、认知失调和不合理认知的产生。认知风格是指在对事物、现象或人进行认知的过程中，个体偏爱使用的加工信息方式。例如，有些人喜欢独立工作，对人际关系不敏感；有些人喜欢与他人一起工作，对人际问题比较敏感。认知失调理论是美国心理学家费斯廷格创立的，是用来说明态度和行为改变的理论。发生认知失调后，个体就会产生不愉快或紧张的感觉，如"我认为这是错的，可别人说这是对的"。由于认知能力有限，因此人会选择、取舍信息，就会出现不合理认知，这是人不可克服的一个局限。当不合理认知成为一种稳定的思维方式后，它便具有无意识性和自动性，成为人们生活的一部分。有些不合理认知具有自我保护的功能，有些时候能够缓解内心焦虑、保持心理平衡，因而人们一般不会轻易改变，比如"酸葡萄"心理就是如此。

（2）情绪情感。情绪情感是人对客观事物所持态度在内心产生的体验，是人脑对客观外界事物与主体需要之间关系的反应，包含体验、生理和表情的整合性心理过程。

现代心理学认为，情绪情感的特征主要体现在动力性、激动性、强度和紧张度等。这些特征的变化幅度又具有两极性，即每个特征都存在两种对立的状态。

1）动力性的积极性和消极性。积极性又称增力性，消极性又称减力性。凡是与积极态度有联系的情绪都是积极的，如振奋、热忱、英勇；凡是与消极态度有联系的情绪都是消极的，如颓废、冷漠、畏惧。某一种情绪情感可能具有积极性，也可能具有消极性。有的情绪情感在一定情景中既可以表现为积极的增力，也可以表现为消极的减力。例如，悲痛可以使人产生消极情绪因而一蹶不振，也可以使人化悲痛为力量，成为促进人奋进的动力。

2）激动性的激动和平静。重要的、突如其来的事件引起的强烈的、有明显外部表现的情绪情感状态是激动的；正常生活状态下的情绪情感状态是平静的。

3）强度的强和弱。在情绪情感的强弱之间有各种不同的强度。例如，从微愠到狂怒，中间还有愤怒、大怒、暴怒等不同程度的怒。情绪情感强度的大小是由事件对个体意义的大小决定的，较重大事件引起的情绪情感反应较强，较小事件引起的情绪情感反应较弱。情绪情感越强，人的精神状态为情绪情感所支配的倾向性越强。

4）紧张度的紧张和轻松。在紧要关头，当事人有紧张的情绪体验，事后出现解除紧张的轻松体验。情绪情感的紧张程度由情景的紧迫性、个体的心理准备状态和应变能力决定。如果情景比较复杂，个体心理准备不足、应变能力较差，那么人往往容易紧张，甚至不知所措；如果情景不太紧急，个体心理准备比较充分、应变能力较强，人就不会紧张。紧张程度越高，则关键时刻过后就越感到轻松。

（3）意志。意志是有意识地确立目的，并根据目的来支配、调节行为，克服各种困难，从而实现预定目标的心理过程。意志过程是指人们自觉地确定目标，有意识地支配、调节行为，通过克服困难以实现预定目标的心理过程。意志过程包括采取决定阶段和执行决定阶段。采取决定阶段是意志行动的初始阶段，是在行动前明确行动的目标，化解动机矛盾，做出行动决定，包括动机斗争、目标确定和方法选择。执行决定阶段是付诸行动的过程，一方面它要求个体坚决执行预定的目标和计划好的行为程序，另一方面它要求个体修改那些不利于完成预定目标的行动。只有经过这两个阶段，人的主观目的才能转化为客观结果，主观决定才能转化为实际行动，并实现意志行动。

（4）认知、情绪情感和意志三者之间的关系

1）认知与情绪情感的关系。认知与情绪情感是互为因果、互相伴随产生的。情绪情感可以发动、干涉、组织或破坏认知过程和行为；认知在评价事物时，则可以发动、转移或改变情绪情感反应和体验。尽管学者普遍认为二者互相影响，但在二者的关系上，学者也分为两派。一些学者认为认知更重要，情绪情感只起扰乱作用，人可以用理智来约束情绪情感；另一些学者认为情绪情感更重要，理智是为情绪情感服务的。有这样一个实验，预备实验是把一只猴子的双脚绑在铜条上，铜条旁边有一个弹簧拉手是开关，然后给铜条通电，猴子会挣扎乱抓，但它一拉开关就不痛苦了，于是猴子一被电就拉开关，这就建立了一级条件反射。之后每次在通电前，猴子前方的一个红灯就亮起来，多次以后，猴子知道了，红灯一亮它就要受苦了，所以每次还不等来电，只要红灯一亮，它就先拉开关了，这就建立了二级条件反射。预备实验完成后开始正式实验，即在第一只猴子旁边再放一只猴子，将第二只猴子的双脚也绑在铜条上，隔一段时间就亮红灯，每天持续6小时。第一只猴子注意力高度集中，一看到红灯就赶紧拉开关，第二只猴子不明白红灯是什么意思，毫无反应。过了二十几天，第一只猴子死了。研究者发现，第一只猴子死于严重的消化性溃疡，而实验之前的体检显示它没有任何疾病，可见这是二十几天内新得的病。这是因为第一只猴子精神紧张、焦虑不安，总是担惊受怕，它的内分泌系统紊乱了，从而患病。由此可见，主动情绪对机体影响更大，因为主动情绪中有更多的认知部分。

2）意志与情绪情感的关系。情绪情感既能成为意志的动力，也能成为意志的阻力。当某种情绪情感对人的活动起支持和推动作用时，这种情绪情感就会成为意志的

动力。当某种情绪情感对人的活动起阻碍或削弱作用时，这种情绪情感就会成为意志的阻力。

所谓理智与情绪情感的冲突，也可以理解为意志与消极情绪情感的较量。对消极情绪情感的控制，是通过意志实现的。消极情绪情感对意志行动的干扰程度取决于一个人的意志力水平。意志坚强者可以克服消极情绪情感的干扰，把意志行动贯彻到底；意志薄弱者则可能被消极情绪情感所压倒，使行动半途而废。由此可见，意志也可以控制情绪情感，使情绪情感服从于理智。

3）认知与意志的关系。认知是意志的前提，而意志行动的重要特点是具有自觉性目的。离开了认知，目的就无从产生，也就没有意志行动。行动的目的是认知的结果，目的的提出依赖于认知，并且实现目的的方式、方法及有关步骤只有通过认知活动才能完成。离开了认知过程，意志便不可能产生。反过来，认知过程也要依靠意志的作用。人在进行认知活动时，总会遇到一定的困难，要克服这些困难，就需要意志做出努力。意志不做出努力，就不可能有深入、完整的认知过程。

3. 情绪疏导的方法

情绪疏导的常用方法主要有认知疗法、行为疗法、认知行为疗法和人本主义疗法。

（1）认知疗法。认知疗法于二十世纪六七十年代在美国产生，它是根据人的认知过程会影响其情绪和行为的理论假设，通过认知和行为技术来改变来访者的不良认知，从而矫正不良行为的心理治疗方法。认知疗法的基本观点认为，认知过程及其导致的错误观念是行为和情感的中介，适应不良行为和情感与适应不良认知有关。认知是指一个人对自己、外在事物、他人、环境的认识和看法。对于同样一所医院，小孩可能以自己的认识和经验，把它看作一个"恐怖的场所"，因为去医院会被打针；中年人会把它看作救死扶伤的地方，因为医生可帮助减轻疾病的痛苦；而有些老年人则可能把它看作"进入坟墓之门"。所以，关键不在于医院客观上是什么，而在于它被不同的人赋予了不同的认知，不同的认知就会产生不同的情绪，从而影响人的行为反应。因此，认知疗法强调，一个人的非适应性或非功能性心理与行为，常常是受不正确认知而不是适应不良行为的影响。正如认知疗法的主要代表人物贝克所说的："适应不良的行为与情绪，都源于适应不良的认知。"例如，一个人一直认为自己表现得不够好，连自己的父母也不喜欢他，因此做什么事都没有信心，很自卑，心情也很不好。认知疗法的策略是帮助这个人重新构建认知结构，重新评价自己，重建对自己的信心，更改认为自己"不好"的信念。

认知疗法中最常用的方法是合理情绪疗法，合理情绪疗法的核心理论是情绪 ABC 理论。在情绪 ABC 理论中：A 是指诱发性事件；B 是指个体在遇到诱发性事件之后相应产生的对这一事件的信念、态度和评价等；C是指特定情景下，个体的情绪及行为反应。通常认为，人的情绪或行为反应是直接由诱发性事件A引起的，即A引起了C。情绪ABC理论指出，诱发性事件A只是引起情绪及行为反应C的间接原因，而人们对诱发性事件所持的信念、态度、评价等认知内容B，才是引起人情绪及行为反应C的直接原因。人们的情绪及行为反应与人们对事物的想法、看法有关。合理情绪疗法完整的治疗模式由A、B、C、D、E、F六个部分组成。A、B、C的含义已经介绍过。D是指劝导干预。E是指治疗或咨询效果。F是指治疗或咨询后新的感觉。当人们面对外界发生的负性事件时，往往会产生消极的、不愉快的情绪体验，人们常常认为罪魁祸首是外界的负性事件（A）。但是埃利斯认为，事件（A）本身并非引起情绪及行为反应（C）的原因，而人们对事件的不合理信念（B）（想法、看法或解释）才是真正的原因。因此，要改善人们的不良情绪及行为反应，就要劝导干预（D）不合理信念，并代之以合理信念。等到劝导干预产生了效果（E），人们就会产生积极的情绪及行为反应，困扰因此消除或减弱，人们也就会有愉悦、充实的新感觉（F）产生。合理情绪疗法是埃利斯通过切身体验感悟和总结出来的，是用于帮助自己和他人进行心理自我调节的方法。

改变不合理信念的常用技术有三种：与不合理信念辩论、合理情绪想象、家庭作业。

与不合理信念辩论是一种主动性和指导性很强的认知改变技术，它不仅要求情绪疏导人员对来访者所持有的不合理信念进行主动发问和质疑，也要求情绪疏导人员指导或引导来访者对这些观念进行积极主动的思考，促使他们对自己的问题有所感触。下面介绍一种与不合理信念辩论的方法——产婆术式辩论。产婆术式辩论是从来访者的信念出发进行推论，在推论过程中会因不合理信念而推出谬论，来访者必然要进行修改，经过多次修改，来访者持有的将是合理信念，而合理信念不会使人产生负面情绪，来访者也将摆脱情绪困扰。产婆术式辩论有其基本表达形式，一般从"按你所说……"开始，先推论到"因此……"，再推论到"因此……"，即"三段式"推论，直至产生谬论，形成矛盾。情绪疏导人员利用矛盾进行面质，使来访者不得不承认其中的矛盾，促使来访者改变不合理信念，并最终建立合理信念。

来访者的情绪困扰有时就是他自己向自己头脑传输的烦恼，因为经常向自己传输不合理信念，在头脑中夸张地想象各种失败的情景，从而产生不适当的情绪及行为反应。合理情绪想象技术的目的就是帮助来访者停止这种传输，其实施步骤具体如下。第一步，使来访者在想象中进入产生过不适当情绪反应或自感最难以忍受的情景之中，让其体验在这种情景下的强烈情绪反应。第二步，帮助来访者改变这种不适当的情绪体验，并使其能体验到适度的情绪反应，这常常是通过改变来访者对自己情绪体验的不正确认知来进行的。第三步，停止想象，让来访者讲述自己是怎样想的，自己的情绪有哪些变化、是如何变化的，自己改变了哪些信念、学到了哪些信念。对于来访者情绪和观念的积极转变，情绪疏导人员应及时给予强化，以巩固其获得的新的情绪反应。上述步骤是通过想象一个不希望发生的情景来进行的。除此之外，还有另一种更积极的方法，即让来访者想象一个情景，在这一情景之下，来访者可以按自己所希望的去感觉和行动。这种更积极的方法，可以帮助来访者产生积极的情绪并树立目标。

家庭作业实际上是情绪疏导人员与来访者之间的辩论在一次疏导结束后的延伸，即让来访者与自己的不合理信念进行辩论。家庭作业主要有以下两种形式：RET自助表和合理自我分析报告。首先，RET自助表让来访者写出诱发性事件（A）、后果或情况（C）；其次，让来访者从表中列出的十几种常见不合理信念中找出符合自己情况的不合理信念（B），或写出表中未列出的其他不合理信念；再次，要求来访者与不合理信念逐一进行辩论（D），并找出可以将其代替的合理信念（E），填在相应的栏目中；最后，来访者要写出他所得到的新的情绪及行为反应（F）。完成RET自助表实际上就是来访者自己运用合理情绪疗法的过程。合理自我分析报告和RET自助表类似，它要求来访者以报告的形式写出A、B、C、D、E各项，但它不像RET自助表那样有严格规范的步骤，且报告要以与不合理信念的辩论（D）为主，并通过与不合理信念的辩论产生合理信念（E）。

（2）行为疗法。行为疗法又称行为矫正疗法，是通过学习和训练矫正行为障碍的一种心理治疗方法。它兴起于二十世纪五十年代末。行为疗法是在心理学实验的基础上建立和发展起来的，其根据经典条件反射、操作性条件反射、社会学习理论和强化理论等原理，采用程序化的操作流程，帮助来访者消除不良行为，建立新的适应行为。行为疗法的理论认为，来访者的各种症状都是个体在生活中通过学习而形成并固定下来的。因此，在治疗过程中可以设计某些特殊情景和专门程序，使来访者逐步消除非适应性行为或不良行为，并经过新的学习训练形成适宜的行为反应。可见，行为疗法把着眼点放在当前可观察的非适应性行为上，相信只要"行为"改变，"态度"及"情感"也会相应改变，不深究来访者的"潜意识"或"内在精神的症结"，也不关注症状的变化情况和因果关系。相对而言，行为疗法更关心所设立的特定干预目标。

（3）认知行为疗法。人们逐渐发现，仅使用经典条件反射或操作性条件反射技术并不能解决所有的心理问题。即使是沃尔普的系统脱敏疗法（第一个系统的行为疗法模式），也不是纯粹的行为疗法技术，它也要求来访者通过思维过程去认知引起焦虑的刺激。因此，作为中介变量的认知概念开始引起人们的注意。随着认知心理学的发展，部分认知技术开始被逐渐引入行为疗法中。到了二十世纪七十年代，一些学者吸收了行为疗法以及合理情绪疗法的理论内容，提出认知行为疗法。到了二十世纪八十年代，

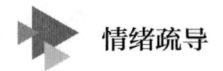

认知行为疗法的适用范围已大大拓宽，甚至超过了认知疗法和行为疗法本身。认知行为疗法是根据认知和行为的理论假设，结合认知疗法和行为疗法技术来改变来访者不良的思维、信念和行为，从而达到消除不良情绪、矫正非适应性行为的心理治疗方法。它代表了两种不同治疗思想的融合，其着眼点主要放在来访者非功能性认知问题上，希望通过改变来访者对自己、他人或事物的看法与态度来解决心理问题。

（4）人本主义疗法。人本主义学派学者既反对行为主义学派学者把人等同于动物，只研究人的行为却不理解人的内在本性的做法，又批评弗洛伊德只研究神经症和精神病患者，不考察正常人心理的做法。人本主义学派强调人的尊严、价值、创造力和自我实现，把人本性的自我实现归结为潜能的发挥，认为潜能是一种类似本能的性质。人本主义学派最大的贡献是看到了人的心理与人的本质的一致性，主张心理学必须从人的本性出发去研究人的心理。

人本主义学派的主要代表人物是马斯洛和罗杰斯。马斯洛主要对人类的基本需要进行了研究和分类，将其与动物的本能加以区别，提出人的需要是分层次发展的。他按照追求目标和满足对象的不同把人的各种需要安排在一个分层次的系统中，从低到高分别是生理的需要、安全的需要、归属和爱的需要（社会的需要）、尊重的需要、自我实现的需要。罗杰斯主要是在心理治疗实践和心理学理论研究中发展出人格的"自我理论"，并倡导名为"来访者中心疗法"的心理治疗方法。他认为人类有一种天生的"自我实现"的动机，即一个人具备发展、扩充和成熟的趋力，这种趋力是一个人最大限度地实现自身各种潜能的趋向。

人本主义疗法在情绪疏导中的应用主要在建立关系阶段。人本主义疗法的特点有以下三点。一是以来访者为中心。强调发掘来访者内部的自我实现潜力，使其有能力进行合理的选择并疗愈自己。情绪疏导人员的责任是创造一种良好的气氛，使来访者感到温暖、不压抑，被充分理解。情绪疏导人员的真诚和接纳态度会促使来访者重新认识自己周围的事物，并按照新的认识来调整自己和适应生活。二是帮助来访者调整自我。一个人有许多体验是自我所不敢正视和不能清楚感知的，因为面对或接受这些体验与自我现状不协调，并使自己感受到威胁。情绪疏导人员应如同一个伙伴，帮助来访者接受改变了的自我，帮助来访者消除不解和困惑，帮助来访者产生新的体验方式、放弃旧的自我形象，帮助来访者体验自我价值，帮助来访者学会如何与他人交往，从而达到情绪疏导的目标。三是具有非指令性治疗的技巧。罗杰斯反对操纵和支配来访者，很少提问题，避免代替来访者做出决定，在任何时候都让来访者确定讨论的问题，不提出需要矫正的问题，也不要求来访者执行推荐的活动。

在人本主义疗法中，情绪疏导人员主要有以下三个方面的工作。一是创造良好的心理气氛。情绪疏导人员要让来访者感到温暖和被无条件接纳，这样来访者就可以表

达自己内心的感受，接受自己的情绪，尤其是那些先前因为害怕引起不愉快或担心遭到别人拒绝而一直隐藏着的情绪和感受，并通过自己的努力而达到对自身困惑的领悟。二是无条件倾听。情绪疏导人员应是一位耐心、诚意而又机敏的听众，听取来访者所诉说的一切。情绪疏导人员倾听时要有诚意、要专心致志，这意味着不仅要用耳朵听，还要用脑听、用心听。只有诚心诚意地倾听才会有反馈、有交流，这对情绪疏导的实施十分重要。三是复述和反馈。按照罗杰斯的观点，为了让来访者思考，也为了让情绪疏导人员能听懂来访者所叙述的一切内容，情绪疏导人员可以简要地复述来访者的所思、所言、所感，进而帮助来访者从自己的所思、所言、所感中获得新的理解和领悟。

学习单元 2

健康心理认知

知识要求

1978 年，美国心理学会健康心理学分会成立，这标志着健康心理学学科的独立。健康心理学主要有三方面任务：一是运用心理学的知识与方法，探讨和解决有关维护和促进人类健康的各种心理学问题；二是研究心理学在矫治人的某些不健康行为，特别是预防不健康行为与各种疾病发生方面的关系和作用；三是探求和提示关于改进医疗与护理制度、建立合理的保健措施、节省卫生经费和减少社会损失等方面的心理学观点和意见。

一、健康心理学的形成与发展

1. 健康心理学的学科认知

健康心理学的中心任务是维护和促进人类健康，这实际上就是心理卫生在新形势下的延伸和发展。虽然生物医学模式为人类的健康做出巨大贡献，但随着社会的发展和科技的进步，生物医学模式面临越来越多的困境。一是人类疾病谱的变化。近年来，死亡率排在前列的疾病是中枢神经系统的心脑血管疾病、癌症等，这些疾病的病因包含以人格为主的个人心理素质、社会压力、应对方式等。因此，健康心理学逐步介入疾病的预防、治疗、康复、研究之中。二是随着生活水平的不断提高，大众的健康意识也逐步增强，人们开始关注自身的情绪状态、心理需求等，对维护身心健康越来越重视。三是随着医学界的生物模式向生物心理社会模式转化，心理社会因素对健康的影响开始被人们重视。

健康心理学与临床心理学的一个主要区别在于，前者的中心任务是探讨有关躯体疾病的心理学问题，着力于人类健康的维护，而不是疾病的治疗。在这一点上，健康心理学同我国传统医学所强调的"不治已病治未病"和"防病于未然"的主张有相通之处。当前，健康心理学已列入高校专业，越来越多有医学背景和心理学背景的人致力于该领域的研究。

2. 健康心理学的发展

健康心理学的研究，是美国以节约医疗保健经费开支与降低发病率为目的开展的。1976年，美国心理学会学者讨论了心理学在人类健康中的重要作用，除了强调心理学在心理卫生中的作用外，还指出心理学应当研究有损人类健康或导致疾患的心理与社会行为因素，探讨预防和矫正不良行为以及帮助人们学会应对心理压力和刺激。随后，一个由心理学家组成的健康研究小组成立了。在此基础上，1978年，健康心理学分会正式成立，并随后创办《健康心理学》和《行为医学》杂志。该分会的第一任会长提出了健康心理学的四项目标：第一，保持并促进健康水平；第二，预防并治疗疾病；第三，鉴别病因以及研究健康与疾病和相关功能障碍之间的相互联系；第四，分析并改善医疗保障体系和健康政策。由于健康心理学的研究及其工作实践与人类健康的各种问题紧密相连，甚至直接关系到社会的进步与个人的幸福，因此它在成立后的短短几年里就得到了迅速发展。

健康心理学在理论研究和实际应用的过程中，综合运用了行为理论、程序学习、行为健康和条件反射的原理。它在疾病的防治、不良行为的矫正、生理功能障碍的康复、意外事故的减少、精神紧张的缓解以及运动锻炼与健康教育的普及等方面，都获得了较为显著的成效，也在降低心身疾病发病率方面起到了重要作用。例如，它综合运用心理学、医学、社会学、教育学以及其他相关学科的知识，提出积极的预防心脏病的措施，如提供有关禁烟、戒酒、限制高盐与高脂饮食的咨询建议，提倡采用科学方法进行增强体质的锻炼，主张建立合理的生活制度和养成良好习惯，强调个人对自己健康负责，培养自我保健意识等。相关统计数据表明，这些措施的实行使心脏病的发病率和死亡率都显著降低。

二十世纪八九十年代，《中国心理卫生杂志》《中国临床心理学杂志》《中国健康心理学杂志》等学术杂志陆续创刊，心理学、医学等领域的学者开始在我国开展健康心理学的相关研究，研究成果丰硕。

二、各心理学派对异常心理的解释

前文已经较为详细地介绍了各心理学派的基本观点，下面主要阐述各心理学派对异常心理的解释。

1. 精神分析学派对异常心理的解释

精神分析学派认为，无意识的冲突和矛盾是异常心理的主要原因，是产生各种精神症状的根源。在精神分析理论中，本我、自我、超我三个部分互相联系、互相作用。本我和大部分的超我是一种无意识的存在，人的大量行为都处在无法意识到的焦虑的控制之下。自我需要不断协调三者之间存在的潜在冲突，当自我不能很好地协调时，三者的平衡关系就会遭到破坏，个体就会产生焦虑，甚至出现心理异常。例如，一个反社会型人格障碍患者会因为自我和超我不能控制本我的冲动，而表现出冲动和危险的行为。自我在依据现实原则满足本我和超我要求的过程中，逐渐发展出防御机制，用其来控制不能被接受的本我冲动和超我要求，以避免或减少这些冲动和要求带来的焦虑。每个人都会发展出相应的防御机制，但是，如果滥用这些防御机制，与现实脱节，就会加剧内心冲突甚至出现病态心理。从心理性欲发展阶段而言，个体从出生到成人，要经历有次序的心理发展，如果某一阶段未能顺利地过渡到下一阶段，心理就会固着或倒退，从而出现一些异常心理。

精神分析学派关注个体成长过程中的创伤性经验所引发的内在冲突，通过移情分析、自由联想、释梦、催眠等技术，让来访者释放压抑的情绪，从而解决心理问题。

2. 行为主义学派对异常心理的解释

行为主义学派学者通过客观的实验方法进行了严格的科学研究，从巴甫洛夫的经典条件反射理论到斯金纳的操作性条件反射理论，再到班杜拉的社会学习理论，他们都试图用学习与行为理论来解释行为异常的现象。经典条件反射理论认为，特定症状的产生与所接受的条件刺激有关，正是因为无条件刺激和无关刺激的结合，人才产生了异常反应。例如，有句俗语"一朝被蛇咬，十年怕井绳"，说的是一个人某一天在井边被蛇咬了，之后他再也不敢去井边了，因为他产生了对井的恐惧。这里蛇是无条件刺激，井是无关刺激，而井与被蛇咬的创伤经历结合就是条件刺激。操作性条件反射理论认为，人会因为行为结果的强化而获得某种行为，各种心理变态都可以看作学习得来的异常行为，因此可以通过学习来建立健康的行为。例如，如果一个孩子因为承认打碎饭碗而受到指责,那么等他下一次犯错时,他可能就会撒谎,从而养成撒谎的习惯;但如果他以后再犯错时并未受到责骂,他就会渐渐地减少撒谎的行为。社会学习理论认为,人的许多行为无须强化,而是通过模仿即可获得。例如,儿童观看成人攻击行为的视频,自己的攻击行为也会增多。行为疗法的目标就是找到问题行为,让来访者用合适的行为代替问题行为。

3. 认知学派对异常心理的解释

认知学派理论认为,当外在刺激作用于个体时,个体会对这些刺激进行心理加工。一个心理正常的人,会对外在刺激产生合理的认识和评价,从而不会为其所困扰;而一个心理异常的人,则可能会产生不合理的认识和评价,从而产生负面情绪或异常行为。所以,异常心理是适应不良认知的产物。埃利斯认为,每个人都存在不合理思维和信念,但对于心理异常的人来说,这种不合理的思维倾向更为明显。贝克认为,心理异常的人在认知过程中有自动性的消极偏向,这种消极的认知是导致个体出现精神障碍的主要原因。所以,认知学派的情绪疏导人员会去找出来访者的不合理信念或思维模式,进而引导来访者调整不合理的认知模式,建立新的信念或思维模式。

4. 人本主义学派对异常心理的解释

人本主义学派代表人物马斯洛和罗杰斯都认为,自我实现是人类最基本的动机。人具有自我实现的需要,即每个人都有最大限度实现自身潜能的内在动力。在此动力的驱使下,若人能够有适当的自我成长与自我实现的环境和机会,人就会朝向健康的方向发展。若人在成长过程中被忽视、否定、虐待或在重大生活事件中遭受挫折,个体的潜能就会受到损害,从而导致心理功能的失调。罗杰斯认为,心理问题的出现最早可追溯到婴儿期。他认为,如果一个人在生命早期没能从重要他人(父母或主要照料者)那里获取关注和无条件接纳,就较为可能出现异常心理。在人际交往中,人们总是期待得到周围人的尊重。当一个人得到他人肯定时,就会有积极的自我体验,心理就会更健康。但如果一个人在人际交往中很少得到他人的尊重,就可能采取回避的行为或产生歪曲的情感,形成消极的自我概念,其心理异常就表现得越明显。

三、躯体疾病患者的心理症状和特点

1. 躯体疾病患者的心理症状

如果一个人患有躯体疾病,其某些器官的器质或功能被破坏,那么在能量代谢方面，其中枢神经系统（特别是大脑）就会受到影响，而且病变的器官向其大脑皮层发送的信息也是错误的。所以，如果该患者病情较严重或病程较长，则往往会产生某些精神障碍或综合征。当一个人患有躯体疾病时，引起其心理发生变化的因素有很多。首先，心理是否发生变化取决于病情本身的特点，也就是疾病本身是否直接或间接地影响大脑的活动。其次，心理是否发生变化取决于疾病的发展过程和严重程度。在疾病严重和迅速发展时，或者有中毒情况存在时，患者会出现意识模糊之类的精神障碍，而神经症类的症状多在疾病缓慢发展和逐渐严重的情况下产生。当一个人患有躯体疾病时，各类有害因素会加倍影响其心理活动。例如，饮用含酒精饮料可能只改变健康人的情绪，但在其患有躯体疾病时，则可能加重情绪的变化，甚至引发意识障碍。

如果一个人长期住院接受治疗，医院的特殊生活环境以及疾病带来的功能损坏，可能会让这个人的人格暂时发生改变，如出现孤僻、急躁、焦虑、愤怒、恐惧、过度依赖、抑郁、自卑等情绪情感。患者的这些状态改变不利于康复。因此，医护人员应善于及时发现患者的心理变化，及时评估其心理病态程度，及时通过情绪疏导缓解患者的不良情绪，减轻患者的痛苦，使躯体疾病的治疗能够顺利进行。

重病患者或情绪不稳定的患者，往往会有易惊慌、易恐惧、易绝望、易激动、易委屈、睡眠失调、食欲下降等情况，这类人更需要关注和接受情绪疏导。

另外，有一类患者对疾病有夸大的倾向，他们觉得疾病体验像恶魔一样控制自己，不能自行摆脱。如果医生告诉他病症很轻，没有太大危险，他们的心理压力就会减轻。这一类患者主要需要心理安慰。

2. 躯体疾病患者的心理特点

躯体疾病患者的心理往往存在一些独有的特点，具体总结如下。

（1）对客观世界和自身价值的态度发生改变。躯体疾病会让人产生对自我的否认和怀疑，令精神状态变差，对周围人的态度变得敏感，觉得自己失去了社会价值，导致生活动力不足，干什么都提不起兴趣，担心别人会用异样的眼光看待自己，担心别人会不愿意和自己交往等。躯体疾病直接导致患者主观态度发生改变，令其感觉自己已经或将要被他人抛弃。

（2）把注意力从外界转移到自身的体验和感觉上。当一个人身体健康时，一般不会有意识地关注自己的身体感觉和体验。躯体疾病患者一旦知道自己患病，就会将注意力集中在自己的病症上，会有意识地去体验和感觉自己的身体变化，由于注意力范围有限，因此生活兴趣减少，心理也会相应地发生一些变化。并且周围人的注意力也会放在患者的身体上，比如家人或医生会经常询问患者有没有觉得哪里不舒服，会不会很难受。这会将患者的注意力引导到具体部位上，患者将注意力范围再度缩小，只放到自身某一部位的感觉和体验上。

（3）情绪低落。任何一个人在面对躯体疾病时，都有可能一度处于情绪低落的状态。情绪低落导致运动量减少，整个身体就会失去力量，再加上对疾病的恐惧或担忧，心理负担无形中加重。同时，由于患者经常思考或回忆的内容一般是负性事件，因此其情绪会更加低落。

（4）时间感觉发生变化。一方面，当一个人患有躯体疾病时，可能会陷入对各种往事的思考和回忆中，从而感觉时间过得很快或很慢。另一方面，疾病带来的各种情绪变化都有可能诱发相应的回忆，这些回忆会使患者对未来失去信心，从而令其感到时间过得很快或很慢。

（5）精神偏离日常状态。对于躯体疾病患者来说，生病前后的生活模式完全不同，疾病打乱了原有的生活节奏，睡眠、饮食、人际交往等都受到不同程度的冲击和影响。原有的生活模式面临重建，兴趣、爱好、思维方式、性格等都可能发生改变。这些都需要患者适应和调整，做好角色的转变。

学习单元 3

心理健康标准与评价

知识要求

关于心理健康的定义，心理学界说法不一，不同学派对心理健康都有自己的理解。林崇德、杨治良、黄希庭主编的《心理学大辞典》将心理健康定义为：心理健康是指个体的心理状态（如一般适应能力、人格的健全状况等）保持正常或良好水平，且自我内部（如自我意识、自我控制、自我体验等）以及自我与环境之间保持和谐一致的良好状态。

一、心理健康标准

心理健康标准是心理健康定义的具体化和操作化。由于学者对心理健康的研究角度不同，因此对心理健康标准也有各种观点。黄希庭提出了判断心理是否健康的五项标准：个体的心理特点是否符合相应心理发展的年龄特征；个体能否坚持正常的学习和工作；个体有无和谐的人际关系；个体能否与社会协调一致；个体有无完整的人格。俞国良提出了心理健康的八项标准：智力正常；人际关系和谐；心理与行为符合年龄特征；能了解自我、悦纳自我；能面对和接受现实；能协调与控制情绪，心境良好；人格完整独立；热爱生活，乐于工作。

2012 年，中国心理卫生协会从自我、人际关系、环境适应三个层面，提出适用于中国人的心理健康五项标准,该标准试行一段时间后,中国心理卫生协会又对标准中的部分评估要素和主要内容进行了完善,从而调整为心理健康六项标准。调整后的心理健康六项标准具体内容如下。

1. 认识自我、接纳自我

了解自己、恰当地评价自己,有一定的自尊心和自信心,体验自我存在的价值,能够接受自己。

2. 自我学习、独立生活

具有从经验中学习、获得知识与技能的能力,能够独立处理日常生活中大部分的衣食住行活动,能够利用所获得的知识、能力或技能解决常见的问题。

3. 情绪稳定、有安全感

情绪基本稳定,以积极情绪为主导,能够调控自己情绪的变化,对人身、生活稳定等有基本的安全感。

4. 人际关系和谐

具有基本的社会交往能力,能够处理与保持基本的人际交往关系,能够在人际互动中体验正常的情绪情感,获得满足感,能够接纳他人及妥当处理交往中的问题。

5. 角色功能协调统一

基本能够履行社会所要求的各种角色规定,心理与行为符合年龄特征,心理与行为符合所处的环境,在社会规范许可范围内实现个人需要的适当满足。

6. 适应环境、应对挫折

保持与现实环境接触,能够接受现实、积极应对现实,能够正确面对并克服困难。虽然不同标准的内容有差别,但在心理健康内涵方面具有共同性,且主要都从心理过程(知、情、意)、人格、社会适应等方面对心理健康进行界定。

二、心理健康与否的评价

1. 区分心理正常和异常的李心天标准

心理有正常和异常之分,在许多情况下,二者有着实质性的差异。在心理正常和异常之间必然存有界限，这是确定无疑的。但是，心理正常却没有一个固定不变的、泛用的绝对标准，心理正常和异常的界限有时随时代的变迁与社会文化的差异而变动。因此，心理正常和异常的界限又是不能绝对确定的。一个人心理是否异常，只有把他的心理状态和行为表现放到当时的客观环境、社会文化背景中加以考虑，并通过和社会认可的行为常模以及其本人一贯的心理状态和人格特征加以比较，才能判断此人是否心理变态，以及心理状态如何。如果一个人能够按社会认为的适宜方式行动，其心理状态和行为模式能为常人所理解，即使这个人有时出现轻度焦虑或抑郁情绪，也不能认为其心理已超出正常范围。换言之，心理正常是一个常态范围，在这个范围内允许不同程度的差异存在。在认可心理正常和异常之间存在相对界限的前提下，区分心理正常和异常就是可能的了。

通常按李心天提出的以下四项标准进行判断。

（1）内省经验标准。内省经验标准包括以下两个方面的内容。一方面是指来访者的主观体验，即来访者自己觉得焦虑、抑郁或有无明显原因的不舒适感，或不能适当地控制自己的行为，因而寻求他人的支持和帮助。但是，在某些情况下的没有这种不舒适感反而可能表示有心理异常，如亲人死亡或因考试不及格而退学时，如果一点儿都没有悲伤或忧郁的情绪反应，也需要考虑其心理变态。另一方面是对观察者而言的，即观察者根据自己的经验做出被观察者心理正常还是异常的判断。当然这种判断具有很大的主观性，其标准因人而异，即不同的观察者有各自评定行为的常模。但通过接受专业教育以及临床实践的经验积累，观察者可以形成大致相近的判断标准，故对大多数心理变态仍可取得一致的看法，但对少数情况则可能有分歧，甚至判断结果截然相反。

（2）统计学标准。对普通人的心理特征进行测量的结果常常显示常态分布，居中的大多数人属于心理正常，而远离中间的两端被视为心理异常者。因此，决定一个人的心理正常或异常，就以其心理特征偏离平均值的程度来决定。心理异常是相对的，它是一个连续的变量，偏离平均值的程度越大越不正常。而所谓心理正常与异常的界限是人为划定的，以统计数据为基础，这与许多心理测验方法的判定是相同的。

统计学标准提供了心理特征的数据资料，比较客观，也便于比较。但是，有些心理特征和行为也不一定呈常态分布，而且心理测量的内容同样受社会文化制约。因此，统计学标准也不是普遍适用的。

（3）医学标准。医学标准是将心理变态当作躯体疾病一样看待的，如果一个人身上表现的某种心理现象或行为可以找到病理解剖或病理生理变化的依据，则认为此人有精神疾病，其心理表现则被视为疾病的症状，产生原因则归结为脑功能失调。这一标准被临床医生广泛采用，他们深信心理障碍患者的脑部有病理过程存在。有些目前未能发现明显病理改变的心理障碍，可能将来会发现更精细的分子水平上的变化，这种病理变化的存在才是划分心理正常与异常的可靠依据。医学标准将心理障碍纳入医学范畴，对变态心理学的研究做出重大贡献。医学标准比较客观，十分重视物理、化学检查和心理生理测定，但是它也并不完全令人满意。虽然麻痹性痴呆、癫痫性精神障碍和药物中毒性心理障碍使用医学标准诊断非常有效，但其对于神经症和人格障碍则无能为力。心理障碍的原因通常不是单一的，它是多种原因共同作用的结果，除了生物学原因，还有心理和社会文化等原因。因此，划分心理正常与异常还需要其他标准。

（4）社会适应标准。在正常情况下，人体能维持生理心理的平衡状态，人能依照社会生活的需要适应环境和改造环境。因此，正常人的行为符合社会规范，能根据社会要求和道德规范行事，即其行为符合社会常模，是适应性行为。如果由于器质或功能的缺陷（或二者兼而有之）使个体能力受损，不能按照社会认可的方式行事，致使其行为后果不适应社会，则认为此人心理异常。这里的心理正常或异常主要是与社会常模比较而言的。许多心理学家从社会适应的角度提出判断心理是否正常的标准。例如，马斯洛等人提出以下十项标准：具有良好的适应能力；能充分了解自己，并能对自己的能力做出恰当的估计；生活目标切合实际；能与现实环境保持接触；能保持人格的完整和谐；具有从经验中学习的能力；能保持良好的人际关系；情绪发泄与控制适度；在不违背集体意志的前提下有限度地发挥个性；在不违背社会规范的情况下，个人基本需要能适当满足。

上述十项标准说明了心理正常的情形，但是正常人群中的这些方面也并不完全相同，其变化幅度是很大的。因此，判断一个人心理是否异常，只能通过比较的方法。首先，与社会认可的行为常模比较，看其行为能否为常人所理解，有无明显离奇的行为。例如，一个人突然当众脱衣赤身裸体，其行为不符合自己的年龄、身份和地位，不能为社会上的其他人所接受，对本人和社会有害，那么，这个人就可能有心理障碍。其次，与一个人以往一贯的心理状态和行为模式比较，看其心理过程或心理特征是否发生了显著的改变，即与其常态有无明显不同。例如，一个一贯精明能干、积极工作的人，近来变得生活懒散、孤独少语，使人觉得前后判若两人，则要认真考虑此人有无心理障碍。经过认真比较，如果行为变化极其明显，那么，做出心理变态的判断是不难的。但如果心理变态程度较轻，行为变化并不明显，则难以判断。而且，判断时还必须考虑社会适应标准受不同地区、时代、社会习俗及文化的影响。

上述四项标准都有其依据，对于判断心理正常或异常都有一定的使用价值，但又都不能单独用来解决全部问题。故应结合使用上述标准，对各种心理现象进行科学分析，以判断来访者是否心理变态。

2. 区分心理正常和异常的郭念锋三原则

郭念锋认为，区分心理正常与否，应该以心理学对人类心理活动的一般性定义为依据。根据心理学对心理活动的定义，即"心理是脑对客观事物的主观反映"，以下三条原则是确定心理正常与否的依据。

（1）主观世界与客观世界的统一性原则。因为心理是客观现实的反映，所以任何正常心理活动或行为，在形式和内容上必须与客观环境保持一致。如果一个人坚信看到或听到了什么，但在客观世界中并不存在引起这种感觉的刺激物，就可以认定这个人精神活动不正常，产生了幻觉。如果一个人的思维内容脱离现实，或思维逻辑背离客观事物的规律性，并且对自己深信不疑，就可以认定这个人精神活动不正常，产生了妄想。如果一个人的心理冲突与实际处境不符，并且长期持续无法自拔，就可以认定这个人的精神活动不正常，产生了神经症性心理问题。

（2）心理活动的内在协调性原则。虽然人类的精神活动可以被分为知、情、意等部分，但是它自身是一个完整的统一体。各种心理过程之间具有协调一致的关系，这种协调一致性保证人在反映客观世界过程中的高度准确和有效。一个人遇到一件令人愉快的事，会产生愉快的情绪，并向别人述说自己内心的体验，就可以认定这个人的精神与行为正常。如果这个人用低沉的语调向别人述说令人愉快的事，或者对痛苦的事做出快乐的反应，就可以认定这个人的心理过程失去了协调一致性，处在异常状态。

（3）人格的相对稳定性原则。在生活中，每个人都会形成自己独特的人格心理特征。这种人格心理特征一旦形成便有相对的稳定性，在没有重大外界变革的情况下，一般是不易改变的。如果在没有明显外部原因的情况下，一个人的人格相对稳定性出现问题，那么也要怀疑这个人的心理活动出现了异常。也就是说，人格的相对稳定性可以作为区分心理活动正常与异常的标准之一。例如，一个很热情的人突然变得很冷漠，如果在其生活环境中找不到原因，那么就可以说，这个人的精神活动已经偏离了正常轨道。

> **相关链接**
>
> "正常"和"异常"是标明和讨论是否存在疾病等问题的一对概念。而"健康"和"不健康"是另一对概念，是在"正常"范围内，用来讨论"正常"水平如何。因此，"健康"和"不健康"这一对概念是包含在"正常"这一概念之中的。不健康不等于有病。心理正常、异常的分类见表1-3。

表1-3 心理正常、异常的分类

心理正常		心理异常
心理健康	心理不健康	确诊的神经症、精神变态人格等
—	1. 一般心理问题 2. 严重心理问题 3. 神经症性心理问题	

心理不健康可以分为一般心理问题、严重心理问题、神经症性心理问题（可疑神经症），三者的区别见表1-4。注意，表中提到的间断是指症状未连续出现的时间。

表1-4 心理不健康三类问题的区别

区别项	一般心理问题	严重心理问题	神经症性心理问题
严重程度	有现实问题、冲突，出现不良情绪，程度轻	有较强烈的现实问题和强烈的道德冲突，产生痛苦情绪，程度重	非现实、非道德冲突，产生痛苦情绪
持续时间	持续时间小于1个月，间断小于2个月	持续时间大于2个月，间断小于6个月	持续时间小于3个月，间断小于12个月
社会功能	没有明显受损，工作效率降低，不失控	受损严重，偶尔失控	受损，失控
有无泛化	无	有	有

3. 心理异常表现

（1）神经症性障碍。神经症可以分为以下几类：焦虑症、恐惧症、强迫症、躯体形式障碍和神经衰弱。

1）焦虑症。焦虑是一种以显著的负面情绪、紧张的躯体症状以及对未来的担忧为特点的情绪状态。焦虑在人身上可能表现为一种主观上的不舒适感，会使人做出一系列的异常行为（看上去忧心忡忡或烦躁不安），也可能表现为某种源自大脑的生理反应以及反射性的心率加快或肌肉紧张。焦虑会表现在神经症的各类疾病中。焦虑症可以分为惊恐障碍和广泛性焦虑症。惊恐障碍是一种以反复的惊恐发作为主要原发症状的神经症。这种发作并不局限于任何特定的情景，具有不可预测性。惊恐障碍作为继发症状，可见于多种不同的精神障碍如恐惧性神经症、抑郁症等，应将其与某些躯体疾病如癫痫、心脏病、内分泌失调等区别。广泛性焦虑症是指一种缺乏明确对象和具体

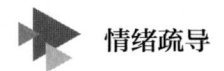

内容的以提心吊胆及紧张不安为主要症状的焦虑症,并有显著的自主神经症状、肌肉紧张及运动性不安。焦虑症患者会因难以忍受又无法解脱而感到痛苦。

2)恐惧症。恐惧症是一种持久的恐惧反应,它同真实的危险程度是极其不成比例的。这种恐惧反应可能会影响一个人生活的方方面面。恐惧症包括场所恐惧症、社交恐惧症和特定恐惧症。场所恐惧症患者会在类似于闹市的地方发病,同时他们也恐惧开放的场所以及人群、桥和街道,或任何一个难以逃脱的、无法在发病后及时得到帮助的情景。社交恐惧症患者主要害怕社交场合(如在公共场合进食、说话、聚集等)和人际接触(如在公共场合与他人对视或被人注视等),常伴有不合理的自我评价和害怕批评。特定恐惧症是对特定事物或情景的不合理恐惧,这种恐惧明显影响了个体的机能。

3)强迫症。强迫症是指一种以强迫症状为主的神经症,其特点是有意识的自我强迫和反强迫并存,二者的强烈冲突使患者感到焦虑和痛苦。患者体验到的观念或冲动来源于自我,但违反自己的意愿,虽极力抵抗却无法控制;患者也意识到强迫症状的异常性,但无法摆脱。病程迁延者可通过某些方法减轻精神痛苦,但其社会功能可能严重受损,很难改善。

4)躯体形式障碍。躯体形式障碍是一种以持久的担心或相信各种躯体症状为特征的神经症,主要包括疑病症和持续性躯体形式疼痛障碍等。

5)神经衰弱。神经衰弱是一种以脑和躯体功能衰弱为主的神经症,以精神易兴奋却又易疲劳为特征。患者常表现出紧张、烦恼、易激惹等情感症状,以及肌肉紧张性疼痛和睡眠障碍等生理功能紊乱症状。

(2)心境障碍。心境障碍是指以明显而持久的心境高涨或低落为主要症状的一组精神障碍,并有相应的思维和行为改变。患者可有精神病性症状,如幻觉、妄想等。大多数患者有反复发作的倾向,但每次发作多可自行缓解,部分有残留症状或转为慢性。

抑郁是心境障碍的第一个基本状态,包含认知症状(如无价值感和优柔寡断),会干扰躯体功能(如睡眠模式的改变,胃口和体重的明显变化或精力的明显丧失),甚至进行一个细微的动作都需要付出很大努力,常常伴随体验快乐能力的明显丧失(这种体验快乐的无能被称为快感缺乏),以及与家人、朋友、同事、同学互动能力的丧失。近几年的研究表明,躯体功能改变(有时称之为躯体的或植物性的症状)是这一障碍的主要症状。

心境障碍的第二个基本状态是躁狂,主要特征是异常的夸张得意和欣快感。躁狂症患者对每个活动都感到极为快乐,他们变得格外活跃,只需要很少的睡眠,做出夸大的动作,相信自己可以完成任何想做的事情,言语快速,甚至变得语无伦次(这一特点通常被称为思维奔逸）。

只表现出抑郁或躁狂的个体被诊断为患有单相心境障碍，这是由于他们的情绪只保持为抑郁或躁狂。仅出现躁狂发作的情况极为少见，所以，几乎所有单相心境障碍的个体都是单相抑郁障碍。那些在抑郁症和躁狂症之间变换的个体被诊断为患有双相心境障碍，表现为从抑郁或情感高涨的极端转向另一极端，而后又返回到最初的极端。然而，抑郁和情感高涨可能并不是处于同一心境截然相反的两个极端。事实上，虽然它们有关联，但通常仍是相对独立的。个体可能在表现出躁狂症状的同时感到些许抑郁或焦虑，这种情况称为混合发作。混合发作的患者有时表现出失去控制的躁狂状态，有时又会变得焦虑或抑郁。

（3）人格障碍。美国《精神障碍诊断与统计手册（第五版）》（DSM-5）将人格障碍分为三大类、十小类。三大类具体如下：第一类被称为"古怪组"，包括偏执型人格障碍、分裂型人格障碍和分裂样人格障碍，其共同特征是思维内容不符合常理，导致行为古怪、难以理解；第二类被称为"戏剧化组"或"情绪化组"或"不稳定组"，包括反社会型人格障碍、边缘型人格障碍、表演型人格障碍和自恋型人格障碍，其共同特征是情绪、行为缺乏稳定的模式，难以预测；第三类被称为"焦虑组"，包括回避型人格障碍、依赖型人格障碍和强迫型人格障碍，这组患者常常与焦虑情绪为伴。

下面介绍上述几种人格障碍的特点和形成原因。

偏执型人格障碍患者常毫无根据地怀疑别人，总认为别人要害他。其显著特点是猜疑和偏执。研究发现，偏执型人格障碍的形成原因包括家族遗传、夸大外界危险的认知模式以及特殊的生活环境（如残疾人或社会底层人群）。

分裂型人格障碍患者的许多症状与慢性精神分裂症患者相似，如在思考、认知和交流方面长期存在的怪癖以及很容易被察觉的行为方面的怪癖，不过这些症状不足以符合精神分裂症的标准。分裂型人格障碍患者在基因和大脑结构上与精神分裂症患者有很多的相似之处。

分裂样人格障碍的特点用两个字来形容就是"怪"和"冷"。怪是指观念、行为和外貌装饰奇特，与众不同。冷则表现为对人、对己情感冷漠，明显缺乏人际关系。从生物遗传的角度来看，这种人格障碍与精神分裂症家族史有很大相关性。一些研究表明，如果父母患有精神分裂症，子女就更容易患分裂样人格障碍，但是分裂样人格障碍和精神分裂症之间的基因联系还不是很清楚。

反社会型人格障碍患者总是在一系列活动中表现出长期的反社会行为，包括侵犯行为、无责任感、不考虑后果的危险行为。该人群的人格特质可以归为三类：第一类是反社会行为动机不足，第二类是缺乏道德感以及对他人的责任感，第三类是情感贫乏。反社会型人格障碍的形成原因包括遗传因素、神经生化因素、心理社会因素等。

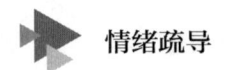

边缘型人格障碍患者的最大特点是"混乱而不稳定"。他们情绪不稳定，行为模式混乱、难以预测，自我意象不稳定，人际关系特别是性关系混乱。边缘型人格障碍患者有一定的家族遗传基础，额叶、海马体和杏仁体的体积较正常人小。早期创伤是受到较多关注的边缘型人格障碍的心理成因。

表演型人格障碍是一组表现为过度情绪化和寻求关注的弥散症状，起病于成年早期，并表现在许多情景中。表演型人格障碍患者过度寻求他人关注，同时过度在意他人评价。古希腊医生认为，表演型人格障碍是女性的"专利"，且与癔症一样，是"歇斯底里"的表现。还有一种观点认为，表演型人格障碍和反社会型人格障碍是同一种病症在不同性别上的体现。

自恋型人格障碍患者有两个特点：不合逻辑地夸大自己的重要性，缺乏对他人的敏感和同情。这类患者会幻想自己很有成就，自己拥有权利、智慧和美貌，遇到比他们更成功的人将会产生强烈嫉妒心。他们过分关心别人的评价，要求别人持续地注意和赞美自己；对批评则感到愤怒和耻辱，但外表却以冷淡和无动于衷的反应来掩饰自己的愤怒和耻辱。他们不能理解别人的细微感情，缺乏将心比心的共感性，因此人际关系经常出现问题。

回避型人格障碍患者的特点是回避人际交往，有强烈的社交焦虑以及表现为低自尊人格。这类患者在出生时就表现出回避刺激的气质特点，而且，当他们在出生时表现出难以抚慰的气质特点时，他们的父母会厌恶他们，或者至少不会在早期对他们付出足够的、无私的爱。这种厌恶会导致他们形成低自尊人格和产生远离社会的行为，这些特征将一直持续到他们成年。

依赖型人格障碍患者对于自立以及承担责任有着不可克服的焦虑。在生活中，他们会让他人来承担自己生活中的绝大部分责任。有学者认为，这种障碍与家庭教养方式有关，过于保护或权威专制的教养方式都会阻碍子女学习独立自主。另外，精神分析学派学者认为，依赖型人格障碍的产生与儿童早期不良依恋关系的形成有关。

强迫型人格障碍的特点是必须按照某种规则把事情做到"恰到好处"。他们过分谨小慎微，要求严格，奉行完美主义，内心有不安全感。理论上认为，强迫型人格障碍源于儿童期父母的严厉惩罚，频繁的惩罚使孩子变得循规蹈矩。

（4）精神病性障碍。精神病性障碍是一组严重的精神障碍，临床表现以幻觉、妄想、行为紊乱等精神病性症状为特征。精神病性障碍的形成原因以生物因素为主，但心理社会因素在疾病发生中起到"扳机"作用，影响症状表现及康复，以药物治疗为主，在康复过程中心理社会因素的作用明显。

自知力是区分有无精神病性障碍的重要标准。自知力是指对自己的认识和态度，这是异常心理学的一个非常重要的概念。它包含了三层含义：对症状的认识、对自己人格的认识、对发生异常心理原因和机制的认识。精神病性障碍患者常常丧失自我及现实检验能力，无法区分主观体验与客观现实，具有幻觉、妄想、行为紊乱等精神病性症状，常否认有病，不愿主动就医，这种情况即自知力缺乏。精神病性障碍主要包括精神分裂症、偏执型精神障碍、急性短暂性精神病性障碍、感应性精神病和分裂情感性精神病等。其中，精神分裂症最为常见。传统的精神分裂症一般分为青春型、偏执型、紧张型、单纯型及未定型五类，临床表现各有不同。其中，以单纯型精神分裂症的表现最为特殊，它以思维贫乏、情感淡漠或意志减退等阴性症状为主，无明显的阳性症状，预后差。

精神分裂症患者通常以精神活动和环境不协调为特征，常见表现如下。

1）感知觉障碍。精神分裂症患者最突出的感知觉障碍是幻觉，即在无现实感官刺激的情况下出现听觉、嗅觉、触觉等体验，且以言语性幻听最为常见。精神分裂症的其他感知觉障碍包括幻嗅、幻触、幻味、感知综合障碍等。幻觉体验可以非常具体、生动，也可以是朦胧模糊的，但多会给患者的思维、行动带来显著影响，患者会在幻觉的支配下做出违背本性、不合常理的举动。如果患者认为幻听内容好笑，就会表现为独自傻笑；如果患者对幻听内容有兴趣并与其对话，就会表现为自言自语；如果患者认为幻听内容具有侮辱性，就会表现为与其对骂，甚至引起冲动和攻击行为。

2）思维障碍。精神分裂症患者的思维障碍主要表现为联想过程障碍、思维内容障碍等。

①联想过程障碍。在与精神分裂症患者交谈时，常有"费劲"的感觉，这是因为精神分裂症患者在思维联想过程中缺乏连贯性以及必要的逻辑性。

②思维内容障碍。思维内容障碍表现为思维内容过多（如妄想）或思维内容过少（如思维贫乏）两个方面。妄想是指一种患者坚信不疑，不能被说服，与患者的文化、教育背景以及环境无关的病理性信念，其内容常常是荒谬且缺乏现实基础的。在各种类型的妄想中，以关系妄想、被害妄想和非血统妄想较为常见。妄想是传统的偏执型精神分裂症的主要症状。思维贫乏与妄想相反，表现为话语少，缺乏主动言语，在回答问题时话语异常简短，多为"是"或"否"，每次应答问题时总要延迟很长时间，即使患者在回答问题时语量足够，内容也是含糊、过于概括的，传达的信息量十分有限。思维贫乏是传统的单纯型精神分裂症的主要表现。

3）情感障碍。精神分裂症患者的情感障碍主要表现为情感淡漠、情感不协调、抑郁等。情感淡漠是指患者缺乏在正常情况下应有的情感反应，并且不仅以表情呆板、缺乏变化为表现，同时自发动作减少、体态语言缺乏，在谈话中很少或几乎不使用任何辅助表达思想的手势和肢体姿势，讲话语调单一、缺乏抑扬顿挫，同人交谈时很少与对方有眼神接触，多茫然凝视前方。情感不协调是指患者的内心体验或情感反应与

周围的环境不协调，或完全不顾周围的环境，如嬉笑无常、无故哭泣等。精神分裂症导致的焦虑、抑郁情绪，既可能出现在疾病早期，作为一种早期症状；又可能出现在疾病的发作高峰期，受到精神症状的影响；还可能出现在疾病的缓解期，以病后抑郁的形式出现。

4）意志与行为障碍。精神分裂症患者的意志与行为障碍主要表现为意志减退、紧张性木僵和紧张性兴奋等。意志减退可以出现在精神分裂症病程的各个阶段，可以表现为学习和工作能力下降；活动明显减少，不愿主动与周围人接触，不想上课或工作，经常迟到、早退、旷课或旷工，不愿出门，整天躺在床上，无事可做；对自己的前途毫不关心，没有任何打算，或者虽有计划却从不施行；忽视自己的仪表，不知料理个人卫生。

5）认知功能损害。认知功能损害目前被认为是精神分裂症的独立、核心症状。精神分裂症患者存在多种认知功能损害，而且在多种神经心理学测验中表现不佳，具体表现在以下几个方面。

注意障碍：听觉与视觉注意障碍、注意分散、专注与转移障碍、选择性注意障碍。

记忆障碍：瞬时记忆、短时记忆以及长时记忆的损害。

工作记忆损害：言语性工作记忆及视觉空间工作记忆的损害。

抽象思维障碍：概念分类与概括障碍、推理判断联想障碍、解决问题的决策障碍、执行功能障碍等。

信息整合障碍：不能充分利用已有的知识去缩短信息加工过程等。

6）阴性症状。阴性症状是相对于具有明显"外显"表现的幻觉、妄想、行为紊乱而言的，是指消极的、不活跃的症状。阴性症状表现为对人冷淡和疏远、自我克制力减退、易激惹、少语、呆坐、学习成绩下降和生活懒散等。阴性症状可以是精神分裂症的早期症状或慢性衰退期的症状。

7）强迫症状。强迫症状可以出现在精神分裂症的早期以及发作期，表现形式与强迫症不同。强迫症状种类较多，内容荒谬，患者的自知力不完整，不感到痛苦，情感反应不鲜明，反强迫愿望不强烈。

 小贴士

早期表现及其他症状

精神分裂症患者在出现典型症状前，常常伴有不寻常的行为方式和态度变化。这种变化比较缓慢，可能持续几个月甚至数年，有时这些变化不太引人注

目，一般并没有马上被看作病态变化，在回溯病史时才能发现。精神分裂症前驱期症状包括神经衰弱症状，如失眠、紧张性疼痛、敏感、孤僻、回避社交、胆怯、情绪不好、执拗、难以接近、对抗性增强、与亲人朋友关系冷淡疏远等，有些患者出现不可理解的行为特点和生活习惯的改变。

学习单元 4

压力与健康心理

知识要求

压力具有两面性，需要根据个体精神和身体承受力情况来判断。如果个体精神和身体承受力较强，那么压力就是受个体欢迎的、有益无害的。如果个人精神和身体承受力较弱，那么压力就是不受个体欢迎的、有害无益的。

一、压力的概念

压力又称应激，是个体生理心理反应和刺激情景的交互作用，是紧张或唤醒的一种内部心理状态。压力源（即压力的来源）是指那些使人感到紧张的事件或内外刺激。

压力是一种主观反应，是被个体感知到的、体验到的部分。压力是主客观的相互作用，即个体主观应对能力与客观应对情景之间的相互作用。压力既有积极的一面，又有消极的一面，且压力的来源是非常广泛的。决定一个人是否感受到压力在很大程度上并不是外界的各种要求，而是这个人对这些要求做出的反应。如果个体承受力强，与压力达成平衡，个体就不会有太强烈的压力反应；如果个体承受力不足，就会产生一定的压力反应，并因无力应对这些压力而感到无助和无望，导致情绪困扰、行为混乱甚至心力交瘁等。如果个体承受力强而压力不足，就会感到空虚无聊，会因为生活的目标、意义减少而感到自己是无用或无价值之人。总之，压力过大或过小都有可能使人产生生存无希望、个人无用和无价值的感觉。

因此，要真正了解压力，首先要了解外界的要求，了解它们是什么，以及如何根据需要增加或减少它们；其次要了解自身的承受力，了解自己如何对压力做出反应，以及如何对反应做出必要的调整。各种要求都会随时间和环境的改变而发生变化，承受力也是因人而异的。

二、压力的来源

许多研究者认为，生活事件是压力的主要来源。人在成长发展过程中会遇到无数事件的刺激，而只有对个体有意义的刺激才会引起压力反应。所以某一事件对一个人的意义在很大程度上取决于他自己的认知评价。一般来说，当个体遇到不可控制或不可预见的事情时，感受到的威胁最大。但实际上，真正威胁人的不是事件本身，而是人对"不可控"和"不可预见"的恐慌和焦虑。例如，久卧病榻的癌症患者死亡与卒中患者突然死亡，对其家属的打击是不一样的。

压力源只有被人察觉（通过认知性评价）对自身有威胁或挑战时，才会转变为现实的压力源。潜在的压力源转变为现实的压力源的过程，实际上是环境对个体提出的各种需求经个体认知评价后引起心理生理反应刺激的过程。压力源可分为以下四类：躯体性压力源、心理性压力源、社会性压力源、文化性压力源。躯体性压力源是指对机体有直接作用的刺激物，包括各种理化和生物刺激物，如高温、低温、噪声、疾病等。心理性压力源包括人际关系问题、个体需求满足状况、能力不足与过高期望的矛盾等。社会性压力源包括客观的社会学指标，如经济、职业、婚姻、年龄、受教育水平等差异以及这些指标的变化、个人的社会交往、生活和工作的变化、重大的社会经济变动等。社会因素是影响心理活动及行为的基本因素，尤其是社会文化、社会关系、社会工作及生活环境等，社会性压力源会引起人的心理活动变化及行为改变。文化性压力源是语言、风俗习惯、生活方式、宗教信仰等改变造成的刺激或情景。

对情绪疏导人员来说，主要解决的是来访者生活中的心理性、社会性压力源，具体又分为以下三类，即生活事件、日常烦扰、心理困扰。

1. 生活事件

生活事件是指那些非连续性的、有清晰起止点的、可以观察的、明显的生活改变，是日常生活中引起人心理失衡的事件。对于这些生活方面的突然变动，人们很难有效地应对或处理。生活事件包括积极生活事件和消极生活事件，其中消极生活事件与心理问题相关度更高。学者对生活事件量表所列的项目进行归纳，将生活事件分为学习问题、恋爱婚姻问题、健康问题、家庭问题、工作与经济问题、人际关系问题、环境问题、法律与政治问题八类。

（1）学习问题。学习问题是指一些学生受到来自家庭和社会的压力，出现较严重的精神紧张现象。成绩不理想或考试失败会给学生带来较大压力，严重时可能引发精神疾病和躯体疾病。

（2）恋爱婚姻问题。恋爱婚姻问题是指在恋爱婚姻过程中遇到的各种挫折。恋爱和婚姻是人生中的重大生活事件。若恋爱顺利、婚姻美满，则此正性生活事件可产生愉快体验。若恋爱婚姻不顺，就是负性生活事件，若个体不能维持精神活动的平衡，就会引发精神疾病和躯体疾病。

（3）健康问题。健康问题是指本人、家庭成员、亲戚好友患急重病或遭受意外事故等，都是负性的紧张性生活事件。这类刺激因素虽然发生频率不高，但心理刺激强度却非常大。如果个体存在心理和性格上的缺陷，且不能及时得到心理支持和心理治疗，则很容易造成大脑精神活动的紊乱，发展为认知功能和情感活动的异常，最终引发精神疾病和躯体疾病。

（4）家庭问题。家庭问题包括子女管教困难，夫妻分居或感情不和，婆媳、翁婿关系不和，家庭成员发生意外或因病死亡等负性生活事件。这些事件都可以引起心理紧张，若其发生频率较高，在一定时间范围内发生叠加作用，则可影响心理健康，从而引发精神疾病和躯体疾病。

（5）工作与经济问题。工作与经济问题包括失业、工作中遇到矛盾和困难等情况，是发生频率较高的紧张性生活事件。家庭经济困难、罚款或奖金扣发等强度低、频率高的紧张性生活事件造成的压力状态如果长时间持续存在，加上多种社会心理因素的综合作用，就有可能引发精神疾病和躯体疾病。

（6）人际关系问题。人际关系问题包括人际关系不和（如与邻居关系紧张、与好朋友关系破裂等）、工作学习中受到批评、名誉受损、受人歧视或冷遇、被人误会等负性生活事件。这些事件会给个体带来心理压力。研究表明，在我国正常人群中常见的低强度心理紧张性刺激因素中，人际关系问题发生的频率最高。如果这些刺激源持续存在，超过了人的心理压力承受限度，就会影响人的心理健康水平。

（7）环境问题。环境问题是指在现代社会中因周围环境出现不利于人类生存和发展的各种现象而产生的问题。例如，各种噪声的干扰会使脑神经处于持续性紧张状态，生活环境受到有害物质的污染会使人情绪不稳定，受到严重惊吓和生活习惯的重大改变可使人焦虑、抑郁、易激惹。注意，遭受严重的自然灾害会给人带来急骤的、强烈的精神刺激，若得不到及时有效的心理支持和物质援助，则可能使人体内的环境活动失去平衡，发展严重就会引发精神疾病和躯体疾病。

（8）法律与政治问题。介入法律纠纷中、在重大政治运动中受牵累而前途受到不可挽回的影响等都会带来令人难以承受的精神创伤。这些紧张性生活事件引起的心理紧张在一段时间内叠加，就可能引发精神疾病和躯体疾病。

2. 日常烦扰

日常烦扰可以分为生活小困扰和长期社会事件所带来的烦扰。生活小困扰虽然不足以造成很严重的焦虑，也不足以构成危害，但不断累积也会对个体身心产生不良影响。长期社会事件，如交通拥挤、环境污染、升学竞争、经济衰退等，都可能令人产生心理上的焦虑。

3. 心理困扰

心理困扰是个人内在心理因素所形成的压抑的重要来源，包括个人心理冲突、动机或行为受挫、个人期望值过高、完美主义、对过去经历的追悔以及对人际关系的不满意等。很显然，这种困扰可能是当前的，也可能是过去的或将来的。因此，它是现实性、回忆性或预期性的紧张状态。

 **小贴士**

消极生活事件、日常烦扰、心理困扰的关系

消极生活事件可以表述为急性压力源，日常烦扰可以表述为慢性压力源。不能简单地认为消极生活事件是人们产生压力的最重要来源。日常烦扰虽然是微观压力，但它与心理问题的关系更强。相比之下，消极生活事件与心理问题的关系要弱得多。消极生活事件和日常烦扰主要涉及外在因素，而心理困扰是个人的内在心理因素，是自我压力与紧张，是内在压力。

三、压力的分类

1. 正性压力与负性压力

研究者根据压力性质和主观反应的不同，通常把压力分为正性压力和负性压力。正性压力是一种积极愉快的、令人满意的体验，如参加婚礼庆典、大型体育活动、戏剧演出等的体验。负性压力是一种有破坏性的、不愉快的体验，它可能使人处于愤怒、

恐惧、担忧或激愤状态。压力是"正"还是"负",涉及一个"度"的问题,即使是正性压力,其强度超过一定限度,也会变成负性压力。

2. 大压力与小压力

压力按规模可分为大压力和小压力。大压力主要是指灾难性应激。相对而言,小压力是指令人激恼的、使人有挫折感的、令人烦恼的要求,它具有持久性,不如大压力强烈。小压力是由日常生活小事件如不断被打扰、没有足够的闲暇时间、最匆忙的时候鞋带却断了等引起的应激。研究表明,小压力与疾病的关系大于大压力与疾病的关系。也就是说,生活中小压力的堆积对人的心理危害比大压力(如离婚或丧偶)更大。这就好比"最后一根稻草压断了骆驼的脊梁"。类似的观点把压力分为巨砾压力和细砾压力。前者是指灾难性事件引起的压力,如爱人死去或天灾人祸等。后者是指日常生活事件引起的压力,如约会迟到或找不到钥匙等。

3. 家庭压力、工作压力和环境压力

压力按涉及的范围可分为家庭压力、工作压力和环境压力。家庭压力是指破坏或改变家庭体系的压力,主要涉及家庭变迁、分居与离婚、单亲家庭、家庭暴力、对儿童的性骚扰等。工作压力包括超负荷工作、倒班工作、工作责任、工作变动、工作单调、疲劳和特殊情景工作等带来的压力。环境压力包括各种自然灾害、噪声、空气污染、过度拥挤等带来的压力。

四、压力的评估

压力的评估分为两个阶段:第一个阶段先评估压力源的严重性,第二个阶段再评估个体可以利用的资源和采取的行动策略。在压力状态下,人会产生一系列的生理、心理反应,所以可通过观察来访者面对压力的生理、心理反应并采用与压力相关的评估量表进行测量,多角度地进行压力评估。

1. 压力的生理反应

压力的生理反应可分为以下两种情况。一是遭遇突发情况的生理反应。当个体遇到突如其来的威胁性情景时,生理上会自动产生一种类似"总动员"的反应,使个体立即进入应变状态,以维护生命安全。二是长期处在压力下所产生的生理反应。如果个体长期处于压力状态下,其身体会产生一种非特定性的适应性生理反应。不论压力的来源是生理性的还是心理性的,不同个体都会产生相同的症状,如头疼、疲劳、发烧、食欲下降等。长久而持续的压力反应会导致个体生病。目前认定的与心理压力有

关的疾病包括甲状腺功能亢进、支气管哮喘、风湿性关节炎、神经性皮炎、胃溃疡、溃疡性结肠炎以及原发性高血压。

2. 压力的心理反应

（1）压力的认知反应。良性刺激可以使个体保持适度的觉醒状态，使注意力集中并增强认知能力。当个体认为这个压力源有威胁时，智力会受到影响。一般而言，压力越大，认知能力及弹性思考能力就会越差。在压力状态下，个体的知觉范围缩小，注意力分散，人际交往能力下降，记忆力也会受到影响，思维变得固执刻板。

（2）压力的情绪反应。压力可以引起广泛的情绪反应，主要有焦虑、恐惧、愤怒、悲伤、抑郁等，还包括兴奋和尴尬，甚至情感的淡漠等。焦虑是心理压力条件下最普遍的一种情绪反应，是在预期将要发生危险或不良后果的事件时的一种情绪体验。适度的焦虑可以提高个体的警觉水平，有利于适应环境，是一种自我保护性的反应；但过度的焦虑会降低机体的免疫力，有损身心健康。恐惧常出现在个体遭遇特定危险或生命受到威胁的情景中，过度或持久的恐惧会引起严重的心身障碍。愤怒是与挫折和威胁有关的情绪状态，是目标受阻、自尊心受到打击时为了排除障碍或修复自尊心而出现的情绪反应。生活中的重大变故（如失去亲人）会造成悲伤和抑郁等情绪反应。

（3）压力的行为反应。为了适应环境，在压力之下产生心理反应的同时，个体在行为上也会发生改变。个体在面对不同程度的压力时，会呈现不同形式的特殊行为。轻度压力可以使个体更警觉，注意力更集中，因而轻度压力会带来正向的行为反应。中度压力会使人注意力涣散，失去耐心，感到烦躁，对于需要身体各部分协调的复杂行为（如演奏乐器、演讲等）影响较大。高度压力会对人的行为产生抑制作用，甚至导致个体不能行动或发生攻击行为。

3. 与压力相关的评估量表

个体在面临并体验到压力时，到底对心理健康有多大影响？这是进行情绪疏导时必须明确的问题。研究者一直在探索准确且合理的压力测量工具，目前，业界公认的、有一定使用价值的测量压力的量表有以下几种。

（1）社会再适应量表。社会再适应量表是为测量重大生活事件影响而设计的。在应用过程中发现，量表分数较高者比较容易患心脏病、骨质疏松、糖尿病、白血病以及感冒，而且量表分数也与精神障碍、抑郁等有关。另外，多种生活事件不断累加，其效应就更明显，这是因为遭遇多种生活事件者的整体免疫功能降低，极易患病。该量表有局限性，在使用时应该密切联系症状的性质，结合其他检查指标进行综合评估。不建议单纯使用该量表做出诊断。

（2）日常生活小困扰量表。坎纳曾编制两个量表，其中一个是日常生活小困扰量表（共计117个题目），另一个是日常生活令人兴奋事件量表（共计135个题目）。这两个量表在1982年的一项研究中被应用，研究结果显示：被测试者的健康状况与日常生活小困扰出现的频率和强度有关，与重要生活事件的数量和严重性基本无关，与日常生活令人兴奋事件无关。也就是说，日常生活小困扰比重要生活事件更能影响健康。正像人们在日常生活中感受到的那样，繁多杂乱的琐碎事更令人烦躁不安，千头万绪"理更乱"的事更使人苦恼不已。

（3）心理应激（压力）调查表。心理应激（压力）调查表的设计思路是将认知评价因素内化到生活事件和应对方式上，将人格特质反映在特质应对问卷上，将社会支持限定在个体感受到的受支持水平上，将压力反应分为心理反应、行为反应和生理反应。

该量表是在1990年浙江省首届自然科学基金项目"心理社会应激调查表的制订"资助下完成的课题成果，是心理应激的综合评估量表。它由四个相互关联又相对独立的应激相关量表或问卷组成，即生活事件问卷、特质应对方式问卷、领悟社会支持量表和心理应激反应问卷。这四个量表或问卷能综合反映个体的各项应激因素，其结果可以作为整体考察个体心理应激（压力）水平及特点的评估依据。同时，四个量表或问卷也可以单独使用，以评估相应的应激因素。

（4）团体心理社会应激调查表。该调查表是二十世纪八十年代中期，在修正的应激交互作用理论思路下经反复筛选、修订而形成的。它可用于团体之间心理应激程度的简单比较。早期的心理疾病病因研究者发现：通常作为病因的生活事件，其实只有在通过当事人的认知评价产生相应的好恶倾向（情绪体验）时才可能有病因作用；当事人针对生活事件以及伴随的情绪体验所采用的应对策略，也会影响该生活事件的病因研究意义；而作为生活事件应激结果的身心健康或疾病，则必然与上述生活事件、情绪体验、应对策略等因素存在某种函数关系；评价当事人某段时期内生活事件的应激程度也同样必须以上面各因素的综合评估为基础。该调查表包含生活事件、情绪体验和应对策略三个评估层次，全表含有44个题目，各层次题目混合排列，另设"其他"一项供被试者补充填写（在统计前将其归并入相近的题目）。

五、压力的应对

压力对人们的心理健康有很重要的影响。面对同样的压力时，人们的反应各不相同，其根本原因是那些在压力面前变得低沉忧郁的人缺乏有效的压力应对方法，而那些在压力面前保持良好心态的人则掌握了有效的压力应对方法。下面主要介绍常见的压力认知误区、压力应对方式和压力应对方法。

1. 常见的压力认知误区

研究表明，压力是一种中性的客观存在，其本身并不会对人产生伤害，伤害人的是个体对压力的认知和态度。很多时候，因为认知存在偏差，个体的压力管理会走入误区。常见的压力认知误区有以下三个。

第一个压力认知误区是个体过于忧虑，承受了过多不必要的压力。研究发现：造成压力的事件中，有40%永远不会发生，比如世界末日；有30%是过去所做决定的结果，是无法改变的；有12%是别人因为感到自卑而做出的批判；有10%与健康有关，越是担心就越严重；只有8%是合理的。

第二个压力认知误区是认为那些没有产生冲击性负面影响的小压力不会对自己造成伤害。事实上，如果个体长期处于持续性压力笼罩下，即便这些压力比较小，时间长了也会对人造成伤害。

第三个压力认知误区是所有压力都必须消除。这种误区表现在以下两个方面。一方面，并非所有的压力都可以消除，能消除的只是其中的一部分。另一方面，并不是所有的压力都是坏的，压力是把双刃剑，有消极的一面也有积极的一面，适度的压力可以让人们对周围环境更加警觉，可以帮助人们加深自我认识，可以帮助人们设立更现实的目标，可以帮助人们增强自信心和成就感。

2. 常见的压力应对方式

压力的应对方式主要有三种，即控制式、支持式、回避式。建议在应对压力时主要采用控制式应对方式，适度采用支持式应对方式，尽量少用或不用回避式应对方式。

（1）控制式应对方式。控制式应对方式是一种以问题为中心的应对方式，是指积极主动地针对不同压力做出反应，如进行有效的时间管理等，是较好的压力应对方式。这种应对方式主要通过改变行为或改善周围环境，进而调整自己的情绪状态以及个人与环境的关系。

（2）支持式应对方式。支持式应对方式一般利用个人或社会的资源支持来对压力做出反应，如寻求压力的释放或进行压力的宣泄等。支持式应对方式的行为主要有：借助兴趣及爱好，比如运动、绘画、旅行等；向理解自己的亲人、朋友倾诉等。这种应对方式的不足之处是过于依赖环境和资源，一旦环境不利或资源匮乏就会导致压力适应紊乱。

（3）回避式应对方式。这种应对方式消极地忽略或回避压力，甚至否认压力的存在，当压力慢慢累积超过一定限度后，就会造成个人的突然崩溃。回避式应对方式以

情绪疏导

情绪为中心，它并不改变人与环境的客观关系，而是调节由压力引起的情感上的不适。它的基本策略就是转移注意焦点，避免思考引起压力的原因。当个体认为自己对改变所处环境不能做任何事时，以情绪为中心的回避式应对方式将占主要位置。常见的回避式应对方式的行为主要有：不去考虑它；不相信那是真的；把问题先放一段时间再说；认为有些事情并不是那么重要，不需要太认真；避开麻烦；不再强求自己；想想有人状况还不如自己，于是心里舒服一些；顺其自然，平心静气。

3. 常见的压力应对方法

压力应对方法有很多，每个人基于自己的生活习惯、行为目标等都会形成应对压力的一套方法。压力应对方法没有绝对的好与坏，只有适合与不适合，适合自己的就是好方法。常见的压力应对方法有以下几种。

（1）提升自我控制感。自我控制感是指个体对事物结果具有控制能力的感觉，或者是对自己把握行为和结果之间联系的感觉。或者说，它就是一种自信，是在一件事的结果产生以前的主观认识（自我感觉），而不是客观实际是否真的能够控制。应对压力时，自我控制感是以自我能力的感觉作为内驱力，而努力达到最终目标的心理状态。这种心理状态能增强人的优越感和自信心，并通过意志活动减轻压力。

提升自我控制感之所以能够减轻压力，是基于以下三方面原因。一是提升自我控制感可以提高对于结果的预测性，进而提高对结果预测的积极成分。如果一个人相信事情的结果受自身的行为影响，他就会期望比较好的结果发生。这时，真正发挥作用的是预见中所期望的目标是否出现，而不是这个目标将会通过什么方式和途径出现。事实上，对结果的期望也可以理解是一种有关控制的感觉，只是它不强调由谁来实施控制（自己或是他人）。二是提升自我控制感会给消极结果一个上限，因为自我控制感会使人产生一种结果不至于不太好的感觉，使人相信自己对结果起码有一定的控制力。三是提升自我控制感给无助感和无能感一个下限，使人不至于产生过于无助的感觉。

（2）提升生命意义感。生命意义是关于生命的积极思考和个人信仰，是个人正在努力实现的、自己给予高度评价的生命目标。一个人对自己生命意义的认识一般是比较稳定的，它会逐渐转化为生命发展不同时期的信念和价值体系。生命意义感是指对个人存在的意义和生活顺序的认识，以及对有价值的目标的寻求、确定。简单来说，提升生命意义感，就是相信生命在任何情况下都有意义，即使在非常艰难的情况下也是如此。

提升生命意义感主要体现为以下三方面内容。一是体验生活的意义。一个人理解并坚守生活中的责任，在多方面肩负起责任，才会感到满足与充实，体验到生活的意义。二是确立生活目标。一个合理可靠的生活目标可以为人指明前进方向，调动人的潜力，积极引导人的行动。心理健康的人会将生活目标作为自己的力量源泉。三是加强自我强度。个人的自我强度包括对刺激的忍受力与解决问题的能力，而加强自我强度的关键在于个人在追求生活目标受到阻碍时，决不轻言放弃，有不断尝试解决问题的决心。

（3）培养良好的生活习惯。健康的饮食习惯、足够的休息和睡眠、适度的运动都可以缓解压力对个体的冲击。健康的饮食习惯能提高个体应对压力的能力，不健康的饮食习惯会增强应激反应，使个体产生愤怒、焦虑等情绪。足够的休息和睡眠能帮助个体消除疲劳、缓解焦虑，让个体有足够的精力面对和解决问题。适度的运动能增强个体的心肺功能，提高机体免疫力，促进肌肉放松从而缓解压力，提高个体抗压能力。

（4）改变思维方式。每个人在生活过程中都会形成一种固定的思维方式。在很多情况下，换一种积极的思维方式去思考和面对问题，就有可能缓解和消除压力。

（5）学会放松身心的方法。放松身心的方法有很多，每个人都可以找到适合自己的方法。可以通过呼吸放松、肌肉放松、想象放松等方法减压，也可以通过运动、听音乐、按摩等方式减压。

（6）学会时间管理。只有处理好让自己感到有压力的事件，压力才会消除。因此，有效的时间管理是应对压力的有效方法之一。按照事件的轻重缓急对其进行排序，制定一个切实可行的学习或工作弹性安排表，增加做事的条理性和计划性，都可以有效缓解压力。

（7）寻求社会支持。社会支持是指利用一切可利用的资源，得到周围人的支持和帮助，以减少应激反应。社会支持可分为情感支持、能力支持和网络组织支持。社会支持对身心健康具有保护性作用，可以降低疾病的发生概率和促进疾病的康复。社会支持的最重要来源就是家庭，其次为朋友和同事。

思考题

1. 精神分析学派、行为主义学派、认知学派和人本主义学派这四大学派的基本观点是什么？
2. 躯体疾病患者的心理特点有哪些？
3. 心理异常的表现有哪些？
4. 如何评估压力对心理健康的影响？

培训任务 2

情绪疏导诊断

学习单元 1

初诊接待

知识要求

提前做好初诊接待的各项准备工作，可以让情绪疏导人员信心倍增，更加从容不迫、踏实安心，从而在进行初诊接待时能发挥出专业水平，达到预期效果。

一、准备工作

1. 重视给来访者的第一印象

对于情绪疏导人员和来访者而言，良好咨询关系的建立对资料的收集与之后的疏导效果都有着重要的影响。情绪疏导人员在初诊接待时留给来访者的第一印象对确立咨询关系发挥关键作用。如果情绪疏导人员在初诊时就给来访者留下不良的第一印象，那么在收集资料时就会遇到困难。

因此，为了保证给来访者的第一印象是良好且专业的，情绪疏导人员的手机等个人通信设备都应保持静音或关闭。对于刚开始进行情绪疏导的人员，由于缺乏经验以及对来访者不了解，在初诊接待过程中，难免自身产生紧张情绪，因此也需要避免给来访者带来不安的消极情绪。

2. 规范设置情绪疏导场所

规范设置情绪疏导场所是取得良好情绪疏导效果的基本条件。

（1）情绪疏导场所设置原则

1）专业性原则。情绪疏导场所的设置应体现专业性，需要有明确的名称牌、引导牌等。从来访者寻找情绪疏导场所开始，情绪疏导工作实际上已经展开，应让其感受到情绪疏导人员对来访者的关怀。应避免来访者因为寻找情绪疏导场所不顺利而增加焦躁和沮丧情绪，明确的名称牌、引导牌可以让来访者轻松地找到情绪疏导场所，而非带着不安的心情前来。另外，应注意情绪疏导场所的空间效应，其面积一般以 10 平方米左右为宜。

2）简单原则。情绪疏导场所需要营造安静、舒适、安全的氛围，并且遵守简单原则。简单原则是指不宜放置过多与情绪疏导无关的私人物品。同时，可根据疏导需求，布置舒适的桌椅、书架等家具。

3）固定原则。固定原则是指情绪疏导场所的物品位置一旦固定后就不宜进行变动，否则可能增加疏导变数和干扰。同时，当情绪疏导开始后，应在门上放置"请勿打扰"或"正在咨询"的提示牌。

（2）情绪疏导场所应具有隐秘性。来访者的问题大多属于隐私，不愿他人知晓，因此，隐秘性对于来访者来说是十分重要的。保持情绪疏导空间的隐秘性，需要注意以下几点：首先，情绪疏导场所应设置在人流较少的地方；其次，情绪疏导场所需要相对独立或能够隔音，如果来访者发现自己的谈话内容会被外面的人听到，那么来访者就很难建立安全感；最后，如果情绪疏导场所无法保证有相对独立、完整的隐私空间，则应尽量设置在不易被人打扰或无噪声干扰的地方。

情绪疏导场所示例如图 2-1 所示。

情绪疏导

图 2-1　情绪疏导场所示例

3. 调整自身心理状态

在来访者到来之前，情绪疏导人员自身的心理状态也应调整好，即做好心理准备。为了帮助自己更好地进行调节，情绪疏导人员可以做一个清场练习。清场练习是格式塔疗法的一种技术，是指暂时将与情绪疏导无关的自身反应搁置一边。

> **相关链接**
>
> ### 清场练习
>
> 请闭上眼睛，体验自己坐在椅子上的重量和脚踏地面的感觉，留意自己的呼吸是急促的还是舒缓的。
>
> 关注自己躯体的张弛，你的能量是否自如地流淌，是心怀对过去的担忧还是对未来的预想？对于上述感觉，你都能感觉、体会和思考吗？你需要识别自己的关注和担忧与即将到来的疏导毫无关系，设法将其搁置。尽可能明确此时自己内在的一些体验，并顺其自然。聚焦你周围环境中的所感所闻以及你自己的感受，使自己全身心地投入正在做的事情中。

二、注意事项

1. 仪态

情绪疏导人员要注意自己的仪态,如容貌、姿态、风度等。情绪疏导人员应给来访者留下严肃、庄重的印象,同时,目光要和蔼,表情要自然,坐姿要放松,动作要得体。良好的仪态有利于情绪疏导人员与来访者建立信任感,以调动来访者的积极内心体验。

2. 社交距离

与来访者会谈时,情绪疏导人员需要与其保持约1.5米的正常社交距离,如图2-2所示。同时,保持正常的疏导位置,双方座椅椅背的夹角在90~120度为宜。在此角度下,来访者可以选择是否与情绪疏导人员进行目光接触。注意,目光接触往往意味着窥探、攻击或者其他过于强烈的情感。对于情绪困扰较为严重的来访者而言,直视会使其非常焦虑,使其感到极度不安全。

图 2-2 情绪疏导人员的适宜社交距离

3. 态度与语言

(1)接待来访者时,情绪疏导人员态度应和蔼、诚恳,语气应温和、自然。

(2)情绪疏导人员应使用礼貌用语,如"您请进""请坐""欢迎您前来咨询,感谢您对我们的信任""感谢您的信任,我很愿意为您提供帮助"等。

(3)在初次会谈过程中,如果发觉来访者有些紧张,情绪疏导人员可以这样说:"您是不是有些紧张呢?和一个陌生的人谈话,又是在一个陌生的地方,难免会紧张

的。"通常,帮助来访者表达不安,来访者就会放松很多。

4. 询问方式

进行初诊接待时,情绪疏导人员应间接询问来访者的求助动机,但不可直接逼问。正确的提问方式如下:"请问,我有什么可以帮助到您的呢?""我希望了解,我在哪方面可以向您提供帮助。"

在进行正式疏导之前的一些空隙时间内,比如从门口进入接待处时或是登记后等待时,情绪疏导人员可以与来访者进行寒暄。在来访者有意愿聊天的情况下,情绪疏导人员可以询问其个人情况,如乘坐公交车还是自驾来的,从事什么职业或学什么专业,平时喜欢什么娱乐活动等。

合适的询问方式不但可以让来访者感到沟通是轻松自在的,同时也能体现情绪疏导人员对他们的关心。

三、保密原则

1. 保密内容

在初诊接待过程中,情绪疏导人员收集到的所有有关来访者的资料,包括个人生活、思想状况、个人成长过程、婚恋情况、人际交往情况、工作现状以及由心理测量结果等,均在保密之列。因此,未得到来访者的同意或未涉及保密例外情况,绝不可将其资料泄露给他人。

情绪疏导人员也应在初诊接待过程中,反复向来访者说明保密原则,承诺自己的保密责任,并说明一旦由其泄密,来访者有诉诸法律的权利。

2. 保密例外

情绪疏导人员应严格遵守保密原则,对于个案资料应以保密的方式进行处理与保管,但在某些特殊情况下会出现保密例外,下列情形属于保密例外。

(1)来访者透露出有危及自己及他人生命、自由、财产及安全的意图,如想自杀或想杀人时。

(2)评估来访者的状况后发现需要转介医疗机构,或需要与其他心理学专业人员共同协作。

(3)来访者患有致命的传染疾病时。

(4)法律法规要求披露的,如家庭暴力、未成年人受到性侵或虐待等必须通报的问题。

（5）来访者主动要求让第三者查看自己的资料时。

四、其他说明

1. 情绪疏导的性质

情绪疏导人员在向来访者表明可以针对其情绪问题进行心理学帮助之后，应简要地向来访者说明情绪疏导的性质。情绪疏导人员应确保来访者了解情绪疏导的心理学内涵，以及情绪疏导是如何开展的，能解决什么问题、不能解决什么问题。情绪疏导人员应向来访者强调自己的"协助"角色，即疏导的结果是否成功有赖于来访者自身的主动参与态度和行动等。来访者应明白情绪疏导是一个过程，其自身需要做好充分的心理准备。

2. 来访者的权利和义务

来访者有权利了解情绪疏导人员的相关资质，有权利了解收费标准，有权利与情绪疏导人员协商疏导方式，也有权利终止疏导流程。来访者有义务如实向情绪疏导人员说明情况，提供与自己情绪、行为相关的真实信息，并按照共同商定的时间表参与疏导，如果临时有事需要更改时间要事先告知，并按时完成家庭作业、按规定付费等。

3. 情绪疏导人员具备的特质

首先，情绪疏导解决的是心理问题，且经常接触到内心黑暗或者罪恶的一面，来访者会把自己的苦恼像倒垃圾一样扔给情绪疏导人员，这就需要情绪疏导人员自身具有积极健康的人格与心态。其次，出色的情绪疏导人员对他人心理活动具有敏锐的洞察力，无论是语言的还是非语言的表现都在一定程度上反映一个人的心理活动，因此，情绪疏导人员需要迅速识别并做出恰当反应。最后，情绪疏导人员需要拥有一颗热情助人的心。

技能要求

初诊接待流程

情绪疏导人员可按照以下基本流程开展初诊接待。当然，不要生搬硬套，可根据实际情况进行调整，只要确保初诊接待目标能够完成即可。

步骤1 做好准备工作。

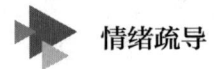 情绪疏导

步骤 2　礼貌欢迎，询问来访者的困扰或问题。
步骤 3　表明能否提供帮助。
步骤 4　说明保密原则及保密例外情形。
步骤 5　说明情绪疏导的性质、来访者的权利和义务。
步骤 6　协商疏导方式。

学习单元 2

摄入性会谈

知识要求

会谈法是情绪疏导人员需要掌握的心理学方法之一。在二十世纪二十年代,临床心理学家把会谈法定义为一种有目的交谈。情绪疏导人员可通过会谈获得资料,并与来访者建立帮助关系。

会谈包括摄入性会谈、鉴别性会谈、治疗性会谈、咨询性会谈以及危机性会谈。摄入性会谈是指通过与来访者面对面的谈话,了解其客观背景资料、健康状况、工作状况等方面内容的会谈。鉴别性会谈是指通过交谈和观察,确定采取什么测验和鉴别措施的会谈。治疗性会谈是指让来访者了解自己,以使其情感和行为发生预期的变化的会谈。咨询性会谈是指针对健康人的某些问题,如职业选择问题、人员的聘用和解雇问题、家庭关系问题、婚姻恋爱问题、子女教育问题等而进行的会谈。危机性会谈是指当来访者发生意外,如遭到强奸、想自杀、遭受突然的精神创伤时,医生和心理咨询师给予其帮助而进行的会谈。在进行初诊接待时,情绪疏导人员经常需要开展摄入性会谈,以收集来访者资料。本学习单元主要介绍摄入性会谈的知识。

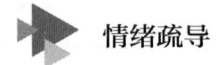

一、摄入性会谈的基本流程

1. 确定会谈目标和内容

确定会谈目标和内容需要依据以下几个方面。

（1）来访者主动提出的求助内容。例如，"我最近老是睡不着觉""孩子最近很叛逆，我感觉自己越来越不会当妈了"等。情绪疏导人员可以将来访者主诉的问题定为会谈目标，并围绕这些问题收集相关资料。

（2）情绪疏导人员在初诊接待中观察到的疑点。例如，来访者焦虑不安、神情紧张或是不停地哽咽哭泣等。

（3）初步分析心理测验结果后发现的问题。例如，来访者90项症状自评量表（symptom checklist 90，SCL-90）的测评结果中焦虑因子分数较高，此时就该将引发焦虑情绪的原因定为会谈目标，并进一步寻找与此相关的各类问题。

注意，如果会谈目标有一个以上，应分别处理。

2. 提问与倾听

（1）提问。通常依据会谈目标、收集资料的性质和内容来确定提问方式。提问方式主要有以下三种。

1）封闭式提问。即能给出是或否、对或不对、有或没有这些肯定或否定回答的提问。封闭式提问的作用是获得特定的信息、厘清事实、缩小讨论范围。封闭式提问多用在问题探索阶段，通常在已经讨论大量事实之后，利用这种提问方式来补充、证实一些谈及的资料，以节约时间。或者当来访者所谈内容漫无边际，偏离正题时，可采用封闭式提问转入正题。

2）开放式提问。即不能简单回答，而是引出一段解释、说明或补充材料的提问。开放式提问常常使用下列词语：什么（例如，是一种什么样的感受呢？）、怎么（例如，后来是怎么发展的呢？）、为什么（例如，为什么总会感到无法向他人表达呢？）。

3）半封闭式提问。即在一定的前提条件下，提问是开放的。例如，"你能说说当时的情景是什么样的吗？""你有什么反应？"半封闭式提问的作用是询问某一具体时间发生的事情或某一具体事件发生的过程，以及来访者当时的反应、感受。在针对情感问题或情感障碍时使用较多。

（2）倾听。倾听是指全神贯注地听，不打断对方谈话，不评价谈话内容，并且在聆听中思考、判断，把握关键点。倾听是做出沟通反应和制定策略的先决条件，如果在接待过程中，情绪疏导人员不能很好地倾听，就有可能得不到正确或完整的信息，讨论的问题就会出现偏差,继而干预的策略也不会有效。倾听技术主要包括澄清反应、内容反应、情感反应和归纳总结。如果来访者主诉:"我不想去上无聊的数学课,我学那些东西有什么用?反正以后也用不到。"那么,情绪疏导人员可以这样回应:"那么你是觉得数学课本身无聊,还是数学没什么用所以才评价它无聊?你能再跟我说说'数学课很无聊'是什么意思吗?"以上就属于澄清反应,是对来访者提供信息做再解释,是鼓励来访者将自己的情况描述得更详细的技术。具体的倾听技术是情绪疏导常用的操作技术之一,后文将会详细介绍。

3. 控制会谈的内容与方向

控制会谈的内容与方向能够缩短时间,提高效率,突出重点问题,有计划、有目的地增强来访者对情绪疏导人员的信任及实现疏导目标的信心。一般使用以下几种方法控制会谈的内容与方向。

(1)释义法。释义法是最常用的方法。所谓释义,就是征得来访者的同意后,把来访者的话重复一下并做解释,在解释完以后立即提出另一个问题。这样做会使来访者感到很自然,会感到情绪疏导人员提出的问题很合理。

(2)引导法。即由当前的话题引向另一个话题。注意,引导不是直接转换话题,而是由原来的话题引申出新的话题。

(3)中断法。中断法就是在会谈中暂时停止一下,当来访者因情绪激动或思维混乱而喋喋不休时,不能强硬地迫使其停止会谈,这时可以请来访者休息一会儿,给来访者倒一杯水,请来访者取一样东西过来,或者建议来访者换一个地方再继续谈等。如果时间有限,也可以建议暂时停止会谈,下次再来。

(4)激将法。为了控制谈话方向,可以利用情感的反射作用,即有意识地刺激一下来访者,使其把谈话转向某类问题。

> **相关链接**
>
> ### 会谈中的记录原则
>
> 在进行初次会谈时,为了避免事后忘记或记错,情绪疏导人员可以一边问一边略做记录,但应告知来访者,如"有些资料我需要用纸笔记录下来,请不要介意"。尤其要记录以下几项内容:个人成长、发展中的问题,现实生活状况,婚姻状况,人际关系问题,身体方面的主观感觉,情绪体验,生活态度。所记录的内容可在来访者离开之后再加以整理。但一般在进行危机处理或普通

 情绪疏导

的情绪疏导时,情绪疏导人员应该避免一边谈话一边做记录,因为过多的当面记录容易使情绪疏导人员和来访者分心,而来访者也会把记录当作一件很严肃的事情而有顾忌。因此,做记录的原则是:为了诊断而进行的初次会谈,可以当场做记录;为了疏导而进行的会谈,则避免面对面做记录。

4. 结束会谈

结束会谈需要注意以下几点。

(1)必须申明和承诺的话。"请您放心,依据伦理道德规范和相关法律法规,今天我们的谈话会绝对保密的,这是我的责任也是我的义务。"

(2)谈话如果还要继续,应征求来访者的意见。

(3)告知诊断结论并征求意见。

(4)当发现有其他疾病时应该说明,并建议来访者进一步做检查,包括一般检查和精神检查。

(5)以结束语结束会谈。例如,"谢谢您的来访和信任,以后有什么问题希望再联系,谢谢!"如果已做出诊断,但没有时间来讨论具体的疏导方案,可以按如下话语来表明疏导的结束:"今天我们的讨论已经有了初步结论,您对这个结论是否同意,希望您回去后认真想想,看是否还需要做补充说明。我也再根据现有资料看一下是否还有什么不妥的地方,届时,我们就按今天的诊断共同研究一下疏导方案,您觉得如何呢?"

二、摄入性会谈的要点

1. 善于听而后说

会谈技术包括了听与说,且听比说更重要。进行情绪疏导的来访者都是带着困扰而来的,他们希望通过与情绪疏导人员的沟通,让自己说出生活中的重要事件,进而获得帮助。情绪疏导人员不能表露出对他们漠不关心和不尊重,更不能表现出急躁和愤怒,要耐心细致地听来访者叙述自己的苦闷,切忌为了取得有用的信息而不断打断来访者的表述。要让来访者自由地谈论问题,要认真地、集中注意力地、有兴趣地听,只有这样才能打开来访者的内心世界。

同时,情绪疏导人员的态度必须保持中性,不能用指责、批判性的语言。非批判性的态度能够使来访者感到轻松,它可以使来访者更主动、更无顾忌地把内心世界展

现出来。因此,情绪疏导人员应注意自己的态度,从表情到语言都要注意。在为收集资料而进行的会谈过程中,不能有不合时宜的言论,如"你这么做是不对的""听起来,你的做法有些离谱"等。在摄入性会谈中,可以提问和说引导语,不能讲任何题外话。

2. 将会谈内容进行归类

由于在会谈过程中需要情绪疏导人员尽可能地依靠临场记忆,并且只能在来访者离开后才能整理成完整的文字资料,因此可以按照常见的心理问题归类方法进行框架式记忆。心理问题归类表见表 2-1。

表 2-1　　　　　　　　　　心理问题归类表

表现形式		恋爱、婚姻、家庭	心理成长发育	情绪情感反应	社交适应、人际关系	躯体疾病	其他
问题的严重程度	轻 / 中 / 重						
问题的一般原因	生物学原因 / 社会原因 / 心理原因 /						
问题的具体原因	躯体情况 / 人格因素 / 具体压力特点						

3. 了解来访者在会谈中的精神状态和行为特点

除了通过摄入性会谈对来访者的背景材料、来访目的及其对情绪疏导的期望等信息进行收集之外,情绪疏导人员还需要了解来访者的精神状态和行为特点。由于精神活动和行为的涉及面很广,为了更好地了解来访者,可从以下六个方面入手。

(1) 外表和行为。情绪疏导人员可通过仔细观察来完成这方面资料的收集。观察内容如下:来访者是如何表现自己的? 外表是否整齐、干净? 衣着是否符合其背景和现状? 有没有特别的装饰? 姿势如何? 是否避免与人对视? 动作缓慢还是不停地乱动? 是否机敏? 是否顺从? 是否态度友好?

(2) 交谈过程中的语言特点。来访者的语速如何? 会谈时是直爽的还是小心谨慎的? 对交谈的兴趣如何? 健谈还是不健谈? 是否有话题避而不谈? 是否咬文嚼字? 说话内容与声调所表达的是否一致?

(3) 思维内容。来访者有无不断抱怨和纠缠不放的话题? 有无思想不集中的情况出现? 有无幻想、错觉、恐惧、执着和冲动的行为?

 情绪疏导

（4）认知过程及功能。来访者的各种感觉有无缺陷或损伤？来访者是否能集中注意力于当下的工作？能否意识到自己所在的地方？会谈内容能否反映他的职业和受教育程度？运算能力或阅读、书写能力如何？

（5）情绪。情绪疏导主要针对的就是情绪体验和情绪行为，因此在会谈期间应重点了解以下内容：来访者的一般心境如何？一般的情绪表现是哪一种，痛苦、冷漠、鼓舞、气愤、变幻无常还是焦虑？情绪表现与会谈内容是否一致？主诉情况是否与情绪疏导人员观察到的一致？

（6）灵感与判断。来访者对自己寻求帮助的目的是否判断准确？对自己的判断是否符合实际情况？是否能观察到、意识到自己的行为或情感已经有了问题？对问题的原因是否有正确的认识？如何理解生活中出现的问题？处理问题是一时冲动、独立进行还是其他？

4. 恰当提问

在会谈中，无论是要收集来访者的背景资料还是要控制会谈的方向，都需要使用提问技术。因此，提问是否恰当非常关键。问题提得好，能够促进咨询关系良性发展，增进交流和理解；问题提得不好，则会破坏信息交流，可能使来访者感觉自己处于被审问的地位。而问题如果提得太多，可能会造成来访者的依赖，会造成责任过多转移至情绪疏导人员身上，从而对来访者通过自身努力解决问题产生不利影响，也可能产生不准确信息，还可能影响交谈中必要的概括与说明等。因此，适时适度进行提问，是情绪疏导人员在会谈中特别需要留意和控制的。

 情景演示

【情景一】来访接待

情绪疏导人员："你好，是丽丽吧？"

来访者："是的。"

情绪疏导人员："由我来协助你疏导情绪困扰，很高兴见到你。现在，先请接待员带你去办理一些登记手续，好吗？"

来访者："好的。"

情绪疏导人员："你是怎么来的呢？自己开车吗？"

来访者："对，自己开车还是挺方便的。"

情绪疏导人员："这里好找吗？"

来访者："有导航，很方便。停完车，顺着指示牌就走到了。"

接待员："您好，请您填写一下这个表格。"

来访者："好的。"

情绪疏导人员："在疏导正式开始前，我们需要先彼此了解一下，这也属于事务性事情。我先介绍一下我自己，我叫×××，是这里的情绪疏导人员，我接受相关的情绪疏导和心理咨询培训有十多年的时间了。从业以来，我接待了很多有情绪困扰的来访者，感谢你对我的信任。你呢，也大概介绍一下你自己吧？"

来访者："我叫郭丽丽，在一所小学做数学老师。今年28岁，已经结婚，对现在的生活很不满意，尤其是单位……差不多这样吧。"

情绪疏导人员："好的，那关于我，你还有些什么想要了解的吗？"

来访者："没有了。"

情绪疏导人员："好的，我想随着疏导过程的开展，我们能更多地了解彼此，你可以称呼我为老师，那我要如何称呼你呢？"

来访者："就丽丽吧。"

情绪疏导人员："好的，丽丽。在我们正式开始沟通之前，请先签署一份知情同意书，以便于你了解我们在咨询关系中的权利和义务。同时呢，你也可以了解我们对来访者都有哪些保护。这是我们的知情同意书，你先看一下，如果有什么疑问，可以问我。"

来访者："'提出个案讨论或申请督导，但仅限专业场合，同时必须隐去来访者的个人化信息。'这一句中的'专业场合'是什么意思？"

情绪疏导人员："嗯，就是指我们只可能在你的案例需要讨论或是督导介入时才有的，仅供我们内部团队学习的场合。当然，我们首先会征得你的同意。所有和你相关的资料都是保密的，未经你的许可，我们是不会透露给第三方的。请你放心。"

来访者："好的。我明白了。"

情绪疏导人员："那还有其他疑问，希望我来解答的吗？"

来访者："没有了。"

情绪疏导人员："好的，那请你在知情同意书上签字，一份你自己保留，另一份留在这里存档。我看到你的登记表上写着这是你第一次体验情绪疏导，那么你可以和我分享一下你原本的期待和理解吗？"

来访者："我觉得，应该就是我把情绪问题告诉老师你，然后，老师给我意见，教我怎么做。不知道这样理解对不对？"

情绪疏导人员："嗯，这是比较常见的一种理解方式。我们也希望能够尽快帮你解决情绪困扰，但是，时间的长短确实随着你想要解决的问题不同而不同，这是一个过程，需要给我们双方一定的时间。另外，一般的情绪问题并不是你提出来，我就能给你一个答案或解决方法。我们双方需要配合和努力，共同投入其中，才能更好地解决问题。我的责任就是利用我的专业知识来帮助你，而你的责任呢，就是把你的感受分享给我，并且有足够的意愿去采取行动，去实现目标。"

来访者："嗯，明白了。"

情绪疏导人员："好的，那我们现在就可以正式进入谈话了！"

【情景二】结束初诊

情绪疏导人员："今天我们的谈话再过十分钟就要结束了，通过和你的沟通，我对你的情况有了一些了解。现在，你对所学的专业很满意，但是，家人一直希望你转专业，因为他们认为你现在的专业就业前景不明朗，而你知道自己的兴趣很契合现在的专业，你也学得非常有满足感。所以，现在你无法做出选择，内心很痛苦。过来做情绪疏导，也是希望有人能够帮助你了解自己内心的声音，最终做出选择，对吗？"

来访者："对。"

情绪疏导人员："嗯，通过今天的谈话，你有什么样的想法或感受呢？"

来访者："我觉得我把这些说出来，轻松了很多，但还是很迷茫，不知道该怎么办。"

情绪疏导人员："嗯，感觉轻松些，但还是很希望得到一个答案，对吗？那么我很想知道，你下周是否有意愿来继续跟我谈一谈？还是你觉得今天我们的沟通对你来说已经足够了？"

来访者："我希望和你能再谈谈，理一理我的思路。"

情绪疏导人员："好的，那下周还是今天这个时间，地点也是这里，你看看是否合适。我来帮助你整理一下你的思路。"

来访者："嗯，好的。"

情绪疏导人员："很感谢你信任我，和我分享你的故事。你能在遇到困难的时候寻求心理援助，来进行针对性的情绪疏导，也是非常值得赞赏的。"

来访者:"谢谢。"

情绪疏导人员:"这次时间到了,我们下周见。"

来访者:"好,非常感谢你!"

 资料分析

按照表2-1,尝试根据以下资料所给出的信息进行心理问题的一般原因分析。

一般资料:来访者,男,20岁,大学一年级学生。

来访者主述:两个月以来,严重失眠,影响学习,很苦恼。

来访者自述:小时候得过鼻炎,总是流鼻涕,觉得别人都很讨厌我。后来因为胃肠炎曾多次住院,因此觉得自己很倒霉。从小父亲对我很严格,总拿我和邻居家小朋友比,看到他们考好了就说我很笨、没出息,永远也赶不上人家,还经常打我,说我和妈妈是累赘,我觉得很受刺激。我一直很努力,但高考前因为胃肠炎住院,最后只上了一个民办学校。上大学后我的成绩排在前几名,但人缘不好,总受到同学们的孤立,没什么朋友。有一次与一个同学在食堂发生摩擦,气急之下我打了他几拳,后来大家都说我欺负同学,都不理我。我只好走读,每天回家。一个月后我发现宿舍的东西都没有了,听说是被扔掉了,我就报了警,一时间在学校内引起轩然大波,几乎没有人跟我说话。我觉得自己对每个人都很好,但他们却都对不起我,甚至与我作对,我真是想不通。最近两个月,我总是失眠,白天没精神,不想与别人说话,上课也听不进去,学习效率下降,有时真不想去学校,但又觉得不上学没出息,人家更会瞧不起我,所以心里很矛盾、很苦恼,情绪不高。

情绪疏导人员的观察:来访者个性偏执、多疑敏感、追求完美、患得患失,情绪不稳定。

根据以上资料,对来访者产生心理问题的原因进行分析,大致如下。

1. 生物学原因

男,20岁,患过鼻炎、胃肠炎。

2. 社会原因

（1）家庭教养方式：家庭教育严格。

（2）负性生活事件：鼻炎、胃肠炎、高考失利、物品丢失、与同学有矛盾。

（3）缺乏社会支持系统：未得到父母、老师和同学的理解和帮助。

3. 心理原因

存在错误认知：自己是最倒霉的，觉得别人讨厌自己，觉得别人对不起自己。

情绪方面：受苦恼的情绪困扰，情绪不稳定。

行为模式：缺乏解决问题的策略和技巧。

个性特征：偏执、敏感多疑、追求完美、患得患失。

学习单元 3

临床资料的整理与评估

知识要求

对于通过会谈获取的资料，情绪疏导人员必须有条理地将其整理后才能对其进行逻辑分析。同时，情绪疏导人员需要将各种与来访者表现有关的资料加以综合，才能为初步诊断提供充分的依据。

一、一般资料的收集与整理

1. 记录来访者的基本信息

对于来访者的基本资料需要详细记录，如姓名、年龄、性别、相貌、民族、背景、婚姻状况、职业、娱乐活动、社会经济地位、当前生活环境等。

2. 观察来访者

（1）来访者的仪表和行为。应注意观察以下几个问题：来访者的衣着是否整洁，是否符合其身份和年龄？言谈举止是否得体？有没有奇怪的行为或者动作，目光接触是否自然？

（2）来访者的情绪。应注意观察以下几个问题：来访者的心境如何？情绪是否稳定，有没有特别激动、焦虑？有没有特别强烈的情绪，如仇恨、绝望等？来访者自述

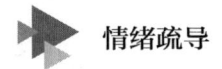

的情绪与其表情是否一致?

（3）来访者的言语和沟通过程。应注意观察以下几个问题：来访者在和情绪疏导人员沟通时，言语是否流畅？有没有言语过多或过少的情况？用词是否合适？能不能恰当使用非言语的沟通方式，如微笑、皱眉、手势、身体姿态等来表达感情？与人沟通的兴趣如何？有没有回答问题不切题的情况出现？思维是否连贯、清晰，前后是否一致？说话的态度如何？

（4）来访者的感觉和认知功能。应注意观察以下几个问题：来访者的听觉、视觉、触觉等是否受损？能否集中注意力于当前的任务？对时间、空间的定向力如何？记忆力如何？

（5）来访者的态度。应注意观察来访者对情绪疏导的态度以及对情绪疏导人员的态度。

3. 进一步挖掘重要信息

需要进一步挖掘的重要信息包括以下几个方面：一是来访者此时开展情绪疏导，是否有什么突发事件或危急情况发生；二是来访者提出的问题是什么；三是来访者对于情绪疏导目标达成的期望度如何；四是来访者是否具有很好的社会支持系统，这些社会支持系统能够提供什么样的帮助；五是来访者的家庭状况如何；六是来访者工作或者学习情况如何。

在上述重要信息中，需要重点探讨的信息如下：一是来访者的人际关系，包括来访者与配偶、父母、兄弟姐妹、子女、朋友、同事等人的关系，当他不能跟这些人和谐相处时，他是如何处理的；二是来访者对自己的认识，包括他认为自己在哪些方面有价值，他对自己在哪些方面有特别的认识，什么样的事情是他自己可以胜任的，有什么理想和目标等；三是来访者的社会支持系统是否合理、有效；四是来访者提出的问题是不是根本问题；五是来访者本身的弱点是什么，该弱点与来访者目前的问题是否有关系；六是来访者本身最大的力量是什么，应如何利用这种力量；七是来访者对工作、学习的适应状况。

4. 对各类信息进行整理和评估

通常按照精神状态、身体状态以及社会工作和社会交往情况这三个方面对各类信息进行整理和评估。

（1）精神状态：感知觉、注意品质、记忆、思维状态，情绪、情感表现，意志行为（自控能力、言行一致性等），人格完整性、相对稳定性。

（2）身体状态：有无躯体异常感觉，来访者近期体检报告。

（3）社会工作和社会交往情况：工作动机和出勤状态（在校学生学习动机和出勤状况），社会交往状况。

5. 进行心理测验

在初诊接待中是否需要进行心理测验和选用哪些测验项目，是需要告知来访者的。只有当来访者表示同意并愿意密切配合时，才可以进行测验。

应依据来访者的心理问题选择恰当的测验项目。如果来访者有明显的焦虑情绪时，可选用焦虑自评量表（self-rating anxiety scale，SAS）、90项症状自评量表等。为了确定非情景性症状的性质，可选用人格问卷来探索症状的人格因素。为了寻找早期原因，可选用病因探索性量表（如生活事件量表）等。总之，在诊断过程中使用心理测量工具，需要有一定针对性，不可以搞"地毯式轰炸"。另外，如果测验结果与观察法、会谈法的结论相左，不可轻信任何一方，必须重新进行会谈，而后再进行测验。

二、既往资料的收集与评估

除了对来访者的一般资料进行收集以外，还需要从来访者以往的咨询（或治疗）过程中寻找有价值的资料，以利于形成正确的诊断。

1. 医疗机构的就诊资料

首先，需要向来访者了解之前的医院精神科诊断，以及接受过何种治疗、疗效如何。请看以下案例。

> **案例**
>
> 某男20岁，自述从小内向、孤僻、拘谨，学习刻苦，是个"循规蹈矩"的人。但最近两年不敢与人对视，回家要拉上窗帘，尽量不外出，十分痛苦。曾在医院被诊断为"精神病"，服用"舒必利""氯氮平""奋乃静"等药无效。而后，因为一些想法严重影响自己的学习、工作和生活，并出现失眠、头痛、心慌的症状，去医院检查被诊断为"神经衰弱"，服用"地西泮""黛安神"曾一度好转，但仍不能除根。于是，又去医院精神科检查，因为有白天拉窗帘和不敢外出的异常行为，按"精神分裂症"治疗，也无效。

在以上案例中，该来访者求助，显然与前几次诊断偏差导致的无效干预有较大关系，因此，情绪疏导人员应明确相关诊疗史。

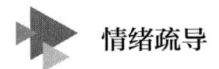

其次,需要分析来访者去医院就诊的原因哪些是躯体方面的,哪些是心理方面的,且二者是什么样的关系。例如,一位60岁男性来访者主诉其问题是睡眠不好,经常感觉到痛苦、绝望。情绪疏导人员在询问其病史之后,发现他是一位反流性食管炎患者,并长时间服用抑制胃酸分泌的药物。由于这类药物所含有的质子泵抑制剂可造成神经系统损害,因此少数服用此类药物的患者可出现头晕、头痛、乏力、耳鸣、嗜睡、失眠、焦虑、指端麻木等症状,甚至产生幻觉,往往表现出不同程度的抑郁及焦虑。因此,本例中的失眠和抑郁症状可能与药物使用带来的情绪变化和药物副作用的发生发展有关,也需要进行鉴别。除此之外,某些哮喘治疗药物也可能引起患者心理改变。例如,茶碱类药物对某些患者可存在轻度中枢兴奋作用,部分哮喘控制欠佳患者口服较大剂量糖皮质激素时可能产生情感障碍。因此,如果来访者有相关诊疗史,则需要在资料收集过程中加以明确、鉴别。

2. 心理咨询机构的求助资料

情绪疏导在服务实质上与心理咨询十分吻合。因此,如果来访者表示自己曾经历过心理咨询,但当下依然需要情绪疏导,很可能意味着原咨询效果不够理想。原因很可能是诊断不正确。那么,就要对以往的咨询过程进行详细了解。情绪疏导人员需要向来访者说明详细了解既往求助史的重要性,以免来访者在主观上忽略有价值的细节。同时,在了解既往求助史的过程中,情绪疏导人员自身也应具备良好的道德素养,即不可在来访者面前对以往的咨询失误进行挑剔和嘲讽,要懂得失误是难免的,正是由于吸取别人失误的教训,后来者才能避免再走弯路,建立新思路。

 资料分析

【资料一】根据以下资料,对来访者目前的状态进行整理。

一般资料: 来访者,男,22岁,高中学历,未婚,公司职员。

来访者主诉: 最近一年,来访者感觉心烦意乱,什么也做不了,腹部有时疼痛,但又说不上具体是哪里。最近头疼越来越厉害了,感觉像要炸开了一样。总认为自己有罪,经常说"我活不了几天了,我有罪",听到火车鸣笛就害怕,听到鸡鸣狗叫也恐慌,见到公安人员就说"我有罪",见到小汽车就恐惧地问他人"是不是来逮捕我的",回家后就问家人"公安局的人和你们谈过话吗?为什么我想的事别人都知道?"不时侧耳倾听"地球的隆隆响声"。

心理咨询师的观察: 来访者的衣着不是很整洁,头发比较凌乱,紧张不安，言行怪异，举止慌张，不时东张西望。

来访者的母亲反映： 来访者自小沉默寡言，交往少，脾气暴躁，与父亲关系极好，一年前因父亲病故和失恋，开始失眠、呆滞、闷闷不乐。来访者记忆智能无障碍，只是孤独离群。来访者生活懒散，时而恐惧、激越，时而自语自笑、凝神倾听。一次，来访者突然对电风扇下跪，说听到电风扇里有一男声责骂他是"叛徒和内奸"。来访者经常认为自己脑子想的事被别人知道了，"监视器就是邻居家的录音机和自己的手表"。问来访者为什么时而哭时而笑，来访者表示"脑子被一死者控制，我哭笑不受自己支配。"来访者现在已经不能上班，整天待在家里，经常发呆，做事丢三落四，很少与人交流。原来母子关系很好，现在当我身体不舒服时，来访者表现出的关心和体贴也很少。来访者曾经离家出走一次，三天后回家，问其三天去哪了，来访者无法回答。目前来访者未出现打人毁物情况。劝其进行心理咨询，来访者说"我心里没病，为何进行心理咨询？"近期体检报告显示，来访者各项生理指标正常，无脑器质性病变。骗他说是来看看脑子是不是被别人控制，才勉强前来。

根据以上资料，对来访者目前的身心状况和社会功能状态的信息整理如下。

1. 精神状态

（1）感知觉、注意品质、记忆、思维状态：内感性不适、幻听、思维被洞悉感。

（2）情绪、情感表现：情绪低落、情感淡漠。

（3）意志行为：意志减退、兴趣减退、有离家出走行为。

（4）人格完整性、相对稳定性：人格的完整性受到损害。

2. 身体状态

（1）有躯体异常感觉：头痛、内感性不适。

（2）近期体检报告：正常。

3. 社会工作和社会交往情况

（1）工作动机和出勤状态：已不能工作。

（2）社会交往状况：社会交往很少。

【资料二】根据以下资料，分析还需要对来访者的哪些资料进行收集。

一般资料： 韩某，女，18岁，汉族，高二年级学生。

情绪疏导

来访者主诉： 最近两个月心情较差，有时感到很绝望、郁闷，害怕考试，厌恶学习，不想见到老师和同学，不想说话。

来访者自述： 从小就没有人真正关心我，爸爸只关心他的生意，而妈妈对什么都漠不关心，对我也好像没什么感情一样，只看得见家里的活，思想古板，从来不像别人妈妈一样和孩子说两句温暖、鼓励的话。以前我学习好，老师都很喜欢我，爸爸也经常跟别人夸奖我，可是两个月前的模拟考试彻底把我打垮了，没想到我考了全班倒数几名，爸爸很生气，对我也开始冷淡了。我感到很孤独，很郁闷，没有心情学习，老师们也不像从前那样对我，在班里也不叫我回答问题了。我觉得这个世界上没人真正关心我，我做得好了，他们就来迎合夸赞，可是我失败了，却没有人安慰，只有漠然或者责备。我害怕考试，也不想听课，现在的学校也不想去了，想随便找个学校上，毕业找个工作。我讨厌我的父母，我再也不想和他们说话了。希望在情绪疏导老师这里得到安慰和理解。

情绪疏导人员的观察： 来访者进入情绪疏导室时，衣着整齐，举止得体，情绪低落，说话思维清晰，谈及自己的孤单无助时忍不住流泪，多次谈到对学习的绝望和对父母的不满。

来访者的父亲反映： 她一直都乖巧听话，认真学习，我对她很放心，所以忽视了很多东西。她上高二之后慢慢地不愿意和我说话，总是把自己锁在房间里。老师说她成绩在这学期开始一路下滑，我问她原因她却什么也不说，我不知道到底哪里出了问题，现在很后悔当初就应该多和她谈谈心。

根据以上资料，分析还可以收集的相关资料如下。
1. 来访者是否做过心理测验，施测项目及测验结果。
2. 来访者的家庭资料，家庭生活中的重要事件与原因，如父母婚姻中有无重大事件发生，事件原因中有无道德和文化因素，家庭现状与过去的比较等。
3. 来访者以往解决问题的行为模式。
4. 来访者个性特征。
5. 来访者的恋爱情况。
6. 来访者对未来的希望，如希望明年发生什么事。
7. 来访者的早年回忆，有无负面情绪记忆。
8. 来访者的生活状况等。

学习单元 4

初步诊断

知识要求

情绪疏导人员在进行初诊接待后,要对所获得的各种资料进行综合分析,确定来访者的问题是否属于一般情绪疏导的工作范围,即能否对来访者提供心理学方面的帮助,这就是初步诊断。

一、分析与确定造成来访者问题的关键点

1. 对临床资料进行分类

对于会谈获得的资料,可以按照表 2-2 的分类情况进行整理。

表 2-2　　　　　　　　　　临床资料分类分析表

一、由不同途径收集到的临床资料(与来访者临床症状相关的)	主诉(主诉对症状的自身体验)	1. 主诉内容一	2. 主诉内容二	3. 主诉内容三	……	……
	家属报告	与主诉内容一相关的报告	与主诉内容一相关的报告	……	……	
	摄入性会谈	与上述两项相关的内容	与上述两项相关的内容	……	……	

情绪疏导

续表

一、由不同途径收集到的临床资料（与来访者临床症状相关的）	临床观察	与上述三项相关的内容	与上述三项相关的内容	……	……	……
	心理测验	与上述非主诉内容相关的内容	与上述非主诉内容相关的内容	……	……	……
	其他					
二、资料纵向比较，验证可靠性						
三、临床症状与相关因素之间的联系（说明是因果关系或横向影响关系）						

2. 分析临床资料

情绪疏导人员从来访者处获得大量资料，如不对其进行整合与分析，资料本身就没有价值和作用。因此，需要将资料进行纵向比较，验证可靠性。未经验证的资料不能作为分析问题的依据。另外，进行比较和分析应该符合客观逻辑。

3. 确定关键点

确定关键点可依据以下两点：一是该因素是多数临床症状的原因，或者与多数临床症状有内在联系；二是该因素持久存在并随着生活环境的变化改变自身形式，但本身性质不变。

对临床诊断而言，确定关键点是最基本也是最重要的技能。请根据以下案例，进行关键点的初步确定。

案例一

一般资料：张某，女，15岁，某中学初三学生，独生女，对未来期望值很高，家庭经济条件一般，社会交往和娱乐活动较少。

来访者主诉：注意力不集中，情绪低落，紧张，烦躁，学习效率低，爱发脾气，最近一个月经常失眠。

来访者自述：我是一名初三学生，还有几个月就要中考了，可我越来越担心考试，每天从家里出来都觉得非常紧张。我平时学习很勤奋，成绩在班里一直在前几名，父母和老师对我抱有很大希望，说只要正常发挥，考上重点高中没有问题。亲戚都知道我学习成绩好，都以我作为榜样来教育自己的孩子。开学到现在已经一个多月了，我一直感到压力很大，担心中考会考砸。最近几次模拟考试，我的成绩不错，但我想这里面的偶然因素很多。最苦恼的是我上课不能集中注意力，思想经常开小差，有时会觉得脑子里一片空白。别人都能全神贯注地听课，而我却不能，我很着急。我看书没有以前专心，老是走神，现在情绪也很低落，还经常因为一些小事对父母发脾气。这样下去，我的成绩很快就会下滑的，将来肯定考不上重点高中了。一想到这些，我心里就特别难受。最近一个月，晚上在床上老想这些事，有时候一两个小时才能睡着，白天没精神，注意力就更难集中了。

情绪疏导人员的观察：来访者穿着得体，眼眶有些发黑，交谈时两只手一直紧握在一起，多次欲言又止，显得有些紧张，避免发生目光接触，说话和思考时眉头经常紧锁。

来访者的母亲反映：来访者的父母都是普通工人，高中学历，家里经济条件一般。来访者的父亲有两个哥哥，一个是商人，另一个是公务员，家庭条件都比较好，他们各有一个儿子。来访者从小观察到爷爷奶奶对两个伯伯和堂兄弟比较偏爱，对自己和父母有些疏远。父母对她的学习要求一直很严格，告诉她今后一定要争气，将来考上重点高中，然后考上重点大学。来访者很懂事，也很要强，常说一定要好好学习，将来去北京上大学，还要出国深造，回国后在北京发展自己的事业，到时候把父母接过来一起住，不让父母再受委屈。一个月以来，来访者回家后很少说话，有时候一个人在房间里走来走去，经常因为一些小事发脾气。来访者从小性格内向，很少和别的同学来往，没什么朋友，也很少参加体育和娱乐活动。来访者平时都是在家学习，因此学习成绩特别好。

心理测验：SAS 测验分数为 67 分，偏高于常模；SCL-90 测验各因子分如下，躯体化 2.3 分，强迫症状 1.9 分，人际关系敏感 1.6 分，抑郁 1.8 分，焦虑 2.6 分，敌对 1.4 分，恐怖 1.3 分，偏执 1.0 分，精神病性 1.1 分，其他 1.6 分，其中焦虑因子分偏高于常模。

在进行关键点的初步确定之前,需要对上述信息进行分类、比较、分析,具体如下。

(1)临床表现

1)情绪低落,爱发脾气。

2)紧张,焦虑。

3)最近一个月很少说话,常独自在房间走动,易激惹。

4)注意力无法集中。

5)感到压力很大,担心考试失败。

6)失眠。

(2)相关资料

1)原本学习成绩特别好,马上要参加中考。

2)两位伯父和堂兄弟家庭条件好,也深受爷爷奶奶偏爱,爷爷奶奶对自己和父母较为疏远。

3)父母对她的学习要求一直很严格。

4)很懂事,很要强,目标是考上重点大学,出国深造。

5)性格内向,没有什么社会交往和体育娱乐活动。

在对六项临床表现进行比较时,能够明显发现,紧张和焦虑与其他五项均密切相关,所以,可以认为紧张和焦虑是目前来访者的关键情绪问题。

在五项相关资料中,每一项都能够造成来访者的紧张和焦虑情绪。尤其是事件发生的时间点是在中考前,2)~4)描绘出来访者所处家庭环境给她所带来的压力,父母教养严格、家庭长辈重男轻女等都使来访者在中考这一重要的人生阶段承受了巨大的精神压力。再者,来访者性格内向,且自身的社会支持系统较弱,焦虑和紧张情绪无法有效释放,因此产生了相应的烦躁、易激惹行为。

本例来访者存在较为典型的考试焦虑。害怕失败,对中考成功抱有过强的成就动机,是来访者的主要情绪问题。这一关键点也通过两份心理测验结果得到支持。

二、形成初步印象

通常一般心理问题者和严重心理问题者较适合接受情绪疏导,其次就是神经症性心理问题者,这三类人都属于心理正常的范畴,单独使用情绪疏导方法一般会有很好的疗愈效果。至于精神病性障碍患者,因为目前主要靠药物治疗,所以显然不是情绪疏导人员的工作对象。对于人格障碍患者及心理疾病边缘状态患者而言,即便是系统的心理咨询,作用也是很有限的。

情绪疏导人员对资料进行整理、分析之后，必须对来访者心理问题和行为问题的严重程度和归类诊断形成大致的判断，基本确定来访者的心理活动薄弱环节，即通过心理诊断来形成初步印象。

心理诊断在临床中的应用范围比较广泛，尤其在精神科运用最广泛，它既可用于鉴别器质性精神病与功能性精神病，也可用于判断心理疾病的严重程度。在心身疾病方面，心理诊断对于确定心理健康水平以及心理因素与躯体疾病的关系有一定的诊断价值，并且为心理治疗提供了较重要的依据。一般心理问题、严重心理问题和神经症性心理问题的分类与鉴别，应依据心理诊断的标准。

三、确定情绪疏导的范围

人的心理健康状态不是两极化的，健康的对立面并不是不健康，二者之间只是程度的差异，是量变到质变的过程。因此，情绪疏导人员需要先确定疏导对象目前的心理健康水平，也就是确定情绪疏导的范围。

1. 心理正常与异常的判断

根据"心理是脑对客观事物的主观反映"这个定义，心理正常与异常需要根据以下三个原则进行判断。

（1）主观世界与客观世界的统一原则。既然心理是客观世界的反映，那么任何正常心理活动或行为都必须在形式和内容上与客观环境保持一致。如果一个人说他看到或听到什么，而在客观世界中并不存在引起他这种知觉的刺激物，那么其主观世界与客观世界就是不统一的，可以肯定，这个人的精神活动不正常了。另外，一个人的思维内容脱离现实或思维逻辑背离客观事物的规律性，这时，便可以肯定这个人产生了妄想。以上这些都是观察或评价人的精神和行为的关键点，即统一性标准。

（2）精神活动的内在协调一致性原则。精神活动即心理活动。人的心理活动具有两个方面的协调性，一个是与外部环境保持协调一致性，另一个是内在各种心理活动之间的协调性。内在的心理活动可以分为知、情、意三部分，但它自身却是十分完整的统一体。各种心理活动之间具有协调一致的关系，当这种协调性受到损害时，人的心理就会出现问题，表现出不正常的行为。在该笑的场合就笑、在该哭的场合就哭，如结婚办喜事喜气洋洋、亲人去世办丧事痛哭流涕，这就是情感与所处环境协调一致的表现。如果一个人用低沉、难过的语调向别人述说令人愉快的事，或者对痛苦的事做出快乐的反应，该哭的时候不哭、该笑的时候不笑，这就是反常、病态的，可以说这个人的心理活动失去了协调一致性，处在异常状态。

（3）人格的相对稳定原则。人格决定一个人所特有的适应环境的方式或行为模式，人格形成后具有相对的稳定性，在没有重大外界事件刺激的情况下一般不易改变。如果在没有明显外因的情况下，一个人的人格相对稳定性出现问题，其心理活动也可能出现异常。例如，一位20岁男生，他刚进大学的时候学习成绩较好，一年级结束时学习成绩名列前茅，但是二年级时开始躲着大家。后来，他经常和别人吵架，说班里其他同学在教室里咳嗽或吐痰都是针对他的，是故意侮辱他，他为此不到班里上课，二年级共有六门功课不及格，以至于休学、留级。如果情绪疏导人员在他的生活环境中找不到足以促使他发生如此变化的原因，就可以推测他的精神可能已经偏离正常轨道。

2. 其他非精神病的鉴别与分析

（1）根据来访者的自知力来分析。患有神经症的来访者对自己的症状有自知力，而患有重性精神病的来访者则对自己的症状不自知。请看以下案例。

> **案例二**
>
> 一位15岁初三女生乔某，她身材苗条，打扮得干净整洁，一直以来都很喜欢听歌，尤其当其心情不好的时候，听歌一直都是其解闷的好方法。但从初三开始，歌声却成了乔某摆脱不了的心魔，尤其是最近两个月，无论是上课还是做作业，乔某总是忍不住去想那些听过的歌词和旋律，更糟糕的是在考试的时候也在想，这种情况严重影响了学习，导致其考试成绩前所未有的退步。为了止住成绩的下滑，乔某总是提醒自己要集中注意力，不要去想歌词和旋律，可越是不想去想，就越是忍不住，弄得自己很烦恼。乔某担心再这样下去，中考肯定会考砸。

结合本例资料分析：来访者对于自己的痛苦情绪和强迫性行为有明显的自知、感受深刻，也能找出问题发生的原因并推论其与症状之间的逻辑关系，能够承认"自己有病"。因此，初步诊断来访者属于强迫性神经症患者，而非精神病患者。

（2）可以根据来访者的求医行为来判断。患有神经症的来访者常常表现出强烈的求治愿望而主动求医；而患有重性精神病的来访者则很少主动求医，往往会认为自己没病，认为自己的妄想或幻觉是真实的，并认为吃药会把脑子吃坏而留下后遗症。

3. 不属于工作范围的处理

一般来说，有情绪疏导需求的来访者，一定是带着问题而来，但是情绪疏导人员必须明确自己的工作范围。因为有些问题即使和心理相关，也不是普通的情绪疏导所能解决的，即使开展了情绪疏导，对这些问题也只能部分起作用。因此，情绪疏导人员应该了解自身的能力和工作范围，不负责工作范围之外的问题。例如，当来访者询问家庭理财该购买国债还是购置房产时，情绪疏导人员应建议来访者找理财专业人员进行咨询，但是，由于理财矛盾导致夫妻不合进而产生的痛苦、抑郁情绪则是情绪疏导人员的工作范畴。又如，来访者因为孩子要上私立初中还是要上公立初中而焦虑，情绪疏导人员可以协助其缓解焦虑情绪，但是如何做出升学选择并不属于其工作范围。请看以下两个案例，分析它们是否属于情绪疏导范围。

> **▶ 案例三**
>
> 顾某，女，未婚，20岁，大学二年级，幼年成长发育正常，能歌善舞，社会关系良好，成绩一贯优良，深得父母、同学及老师喜爱。18岁考入某本科高校学前教育专业，一年级下学期认为许多外院系男同学和自己的男老师都对她有"好感"，因此主动接近男老师并"倾诉衷肠"，谈自己的抱负，已经影响到老师正常工作。经劝阻后，她将注意力转到同学王某身上，王某发现其话太多而拒绝交往，但其仍借机接近王某并多次写信给他。她还经常向舍友说自己有神仙附体，能知过去、未来天下事，并声称王某与她是命定的一对鸳鸯，现在王某的拒绝只是神仙需要度化的劫难。

结合本例资料，对照心理正常与异常三原则进行分析：来访者产生"幻觉"与"妄想"等主导性症状，主客观世界不统一，心理异常已非常明显。因此，初步诊断来访者患有精神分裂症，宜尽早去医院精神科接受治疗。

> **▶ 案例四**
>
> **一般资料**：小蔡，女，12岁，初一学生，因感到被欺负、被议论，情绪不稳10月余，自伤7月余。
>
> **来访者主诉**：学习压力大，被同学嘲笑和捉弄。告诉父母后，父母因为自己的问题不断争吵，认为自己拖累了父母。曾难以接受父母打骂自己，生病后父母关爱增多。感到情绪难以控制，父母坚持要求送其去精神疾病医院诊断，觉得被父母抛弃。

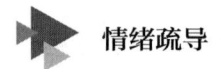
情绪疏导

刚上初一时受到某男同学捉弄，小蔡在班里大哭，后来该男同学道歉，小蔡仍感到不能释怀，之后表现出情绪低落，经常躲在房间里哭，会反复回想以前同学扔掉她本子、叫绰号等行为，觉得自己受到了校园欺凌，其人生被欺负过她的人毁了。后来小蔡开始埋怨父母的管教方式，觉得父母之前打骂自己的行为很恶劣，有时会号啕大哭，晚上常失眠，食欲不佳。

年初，开始有冲动想杀掉欺负她的男生，称晚上常能听见别人叫她的名字，偶尔能看到房间有人，有不安全感。3月，因觉得父母吵架是受自己拖累，出现用美工刀割手腕的行为，觉得父母私下说自己，走在大街上也觉得陌生人在议论自己，经常觉得呼吸困难，有"濒死感"，但父母带其就诊未见躯体异常。4月，因作业没有完成，小蔡坚决不去上学，父母为其办理了休学。

背景资料：母亲孕期与丈夫争吵，因情绪不稳定而在31周早产，因前置胎盘行剖宫产。小蔡出生后多哭闹、难安抚，行走和说话较一般孩子晚约半年，外婆和舅舅帮忙照顾到6岁，上初中前要挨着母亲才能入睡。母亲性格外向，原全职照料小蔡，近期才有稳定工作，会满足小蔡所有物质上的需求，从未要求其做家务。父亲性格内向，小蔡小学六年级时爷爷生病，父亲为照料爷爷辞去工作，之后自行从商。小蔡从小成绩一般，父母存在教育理念分歧，时常在其面前争吵，但同样对其学业有高要求和高期待。母亲从幼儿园起就给小蔡报课外班，父亲因其作业拖沓等不良习惯会实行体罚。小蔡在校担任班干部，严格遵守老师的要求监督同学，曾被其他女生集体孤立。小蔡兴趣爱好广泛，喜欢滑板和动漫，参加了舞蹈和动漫社团，能主动结交朋友并乐于展示自己的个性。

结合本例资料，对照心理正常与异常三原则进行分析：来访者存在明显的言语性幻听、幻视和关系妄想，感到被控制、被跟踪，有不安全感，病程10月余，社会功能严重受损。因此，初步诊断来访者患有精神分裂症。另外，小蔡情绪低落、有消极观念，也有消极自伤、自杀行为，需要与抑郁发作鉴别，因为以上症状均继发于精神病性症状，仍以幻觉妄想为主要症状，故排除抑郁发作。

四、一般心理问题的诊断

1. 把握主导症状

主导症状是指那些使来访者感到痛苦而迫切需要解决的问题。

2. 掌握一般心理问题的特点

一般心理问题是指在近期发生的，由现实因素激发、内容尚未泛化、反应强度不太强烈的情绪问题，来访者思维合乎逻辑，人格无明显异常。有这类心理和行为问题的来访者往往是情绪疏导人员的主要工作对象，情绪疏导对其有较好的效果。

3. 通过以下案例来学习一般心理问题的诊断技能

> **案例五**
>
> **一般资料**：来访者，男，15岁，高中一年级学生。
>
> **背景资料**：半年前，来访者升入重点高中。两个月前，来访者感冒发烧，导致其在期中考试中没有取得好成绩。一个多月前，来访者在复习功课时，头脑中突然想到"期末考试再考不好怎么办"。这种想法让来访者非常紧张，于是竭力让自己集中精力学习，可越是这样越难以集中注意力，还出现了记忆力下降的情况。这些情况让来访者非常担心，担心自己的学习成绩会一直下降，将来考不上大学，没有光明的前途，甚至担心自己没有能力让父母安享晚年。这些担心让来访者紧张不安，很烦躁，只有不想和学习有关的事情，心情才会好些。
>
> **情绪疏导人员的观察**：来访者自幼学习成绩优异，父母对其要求严格，性格内向，追求完美。

结合本例资料分析：来访者明显的焦虑情绪为现实因素激发，近期发生（一个多月），其反应强度是可以理解的，心理问题无泛化、回避，有很好的自知力，也有求助意愿。因此，初步诊断来访者的情况属于一般心理问题。问题产生的原因是与所在重点高中学习压力大紧密相关的。

> **案例六**
>
> 来访者，女，26岁，硕士研究生毕业。来访者毕业后被一家中外合资公司录用，工资待遇较高。来访者所在部门的主管对下属要求十分严格，动辄发火训人。来访者由于不够熟悉业务，在上班不到两个月的时间里出过几次差错，被主管多次训斥，于是心情不好，想辞职，但又觉得找到这份工作不容易，所

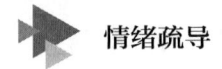

情绪疏导

以很犹豫，无奈之下，前来求助。

以下是情绪疏导人员和来访者的部分谈话内容。

……

来访者："我现在早上去上班，心里都发怵。"

情绪疏导人员："这种感受是怎样产生的？"

来访者："因为一进办公室就要看主管的脸色，不知道他又会说出什么伤人的话。我真是觉得这家公司不能再待下去了。"

情绪疏导人员："主管会说出什么样的话？"

来访者："他骂我是垃圾、废物，说我做事不动脑筋。"

情绪疏导人员："噢，听到这种话我也会不舒服的。那么他是在什么情况下说的呢？"

来访者："我业务工作没做好的时候。"

情绪疏导人员："他给你具体指出哪些地方没做好吗？"

来访者："是的。"

情绪疏导人员："你改过以后，他是否还训斥你？"

来访者："当然不了，可是一旦发现别的地方出错又是一顿数落。我长这么大，从未有人这么对待过我，这谁受得了！真想辞职，又下不了决心。"

结合本例资料分析：来访者明显的焦虑情绪围绕工作中的现实情景，近期发生（不到两个月），痛苦情绪没有泛化，且其反应强度是可以理解的，未出现饮食或睡眠的问题，有很好的自知力，也有求助意愿。因此，初步诊断来访者的情况属于一般心理问题。问题产生的原因是工作失误后与主管领导产生矛盾所诱发的心理冲突。

案例七

一般资料：来访者，女，17岁，高中三年级学生。家中还有一个弟弟，父母健在，且父母之间关系良好。

来访者主诉：自己上高三以后，学习节奏比以前紧张了，进入复习阶段后，很多同学经过了一段时间的复习之后就进步了，而自己却没有进步，反而有些退步。经过一个寒假的努力，觉得可以在新学期取得好成绩了，结果却不进反退。最近一个星期老是失眠，还老是做考试的梦，梦见自己无法找到考场

> 或者看不清试卷，非常紧张、焦虑，甚至醒来之后仍受梦境影响，上课无法专心。现在连每个星期一次的小测试都感觉很紧张，一看见试卷就头脑空白、手心出汗，要花一点儿时间才可以平静下来，不能考出自己平时的水平，因此更加苦恼。成绩退步以后，觉得自己什么都不如别人，连别人问自己问题都不好意思回答，觉得自己不配，但是看见同学跑去问别的成绩比较好的同学，心里又特别难受。来访者很担心，自己的成绩要是再这么退步下去的话，就可能考不上好的大学，将来就找不到好的工作，找不到好的工作会辜负家人的期望，也无法照顾身体不好的父亲。来访者希望能通过情绪疏导，调整好自己的睡眠和学习状态。

结合本例资料分析：来访者有明显的学习焦虑和紧张情绪，近期发生（最近一个星期），出现一定的失眠、手心出汗等躯体症状，其反应强度是可以理解的，痛苦情绪始终与最初的刺激相关，无泛化，且有很好的自知力，也有求助意愿。因此，初步诊断来访者的情况属于一般心理问题。

五、严重心理问题的诊断

1. 把握严重心理问题的特点

（1）刺激性质。引起严重心理问题的原因是较为强烈、对个体威胁较大的现实刺激。因为是不同原因引起的，所以来访者分别体验着不同的痛苦情绪，如悔恨、冤屈、失落、恼怒、悲哀等。

（2）反应持续时间。从产生痛苦情绪开始，痛苦情绪间断或不间断地持续两个月以上、半年以下。

（3）反应强度。遭受的刺激越大，反应越强烈。多数情况下会短暂失去理性控制，在后来的持续时间里，痛苦可逐渐减弱，但是单纯依靠"自然发展"或"非专业干预"却难以解脱，对生活、工作和社会交往有一定程度的影响。

（4）反应泛化。痛苦情绪不但能被最初的刺激引起，而且与最初刺激相类似、相关联的刺激，也可以引起此类痛苦，反映对象泛化。

（5）发生阶段。严重心理问题往往发生发展在关系到个人前途，或发生重大转折和经历的阶段。

（6）可能伴有人格缺陷。严重心理问题往往伴有某一方面的人格缺陷，需要特别留意。

2. 通过以下案例来学习严重心理问题的诊断技能

> ▶ **案例八**
>
> **一般资料**：来访者，女，19 岁，大学一年级学生。
>
> **来访者主诉**：来访者今年以某市第一名的成绩考入大学，来到陌生的城市，开始独立生活。入学至今已有三个月，每日的学习很紧张，还要料理自己的生活，有些手忙脚乱、疲惫不堪，感到不适应，非常想家。有时睡不着，常常梦到父母，一听到广播里放的歌曲有"妈妈"的内容就哭。在街上、校园里听到的都是当地的口音，自己作为外乡人，内心很孤独。上课经常走神，学习效率不高，无心参加班上组织的活动，总盼着早点放假回家。与同学的关系一般，因生活琐事与宿舍室友关系紧张，想换宿舍，学校没同意，于是心情不好、内心痛苦。经班主任老师做工作后没有明显好转，所以在同乡的陪同下来寻求情绪疏导。
>
> **情绪疏导人员的观察**：来访者是独生女，性格柔弱、温顺，在家很受宠爱，自幼没有单独离开过家，上大学前很多生活琐事都由父母料理，连自己的衣服鞋袜都不用洗，她认为只有家里才是最安全舒适的。

结合本例资料分析：来访者正处在大学一年级新生入学时期，其主导症状为适应障碍，诱发其情绪困扰的是现实因素，不良情绪已超过两个月，社会功能受到了较大的影响，不良的情绪泛化到生活的各个方面。因此，初步诊断来访者有严重心理问题。

> ▶ **案例九**
>
> **一般资料**：来访者，女，30 岁，公司职员。
>
> **来访者主诉**：来访者长相漂亮，人际关系好，能力强，工作勤奋，深得上司及客户的好评。一年前休产假生孩子，产后仍然注重自己的外貌，开始减肥，但无论是少吃还是加大运动量，都无法达到自己要求的体重，为此心烦。恰逢公司进行部门调整，来访者被调到自己不愿意去的部门，半年来心里很不

> 是滋味，找朋友聊天、看电影等无济于事，看什么都不顺眼，经常发脾气，甚至乱扔家里的东西。虽然目前的工作和生活没有什么可担心的，衣食无忧，但就是心里有种说不出的烦恼，觉得自己没用，对体重很担忧，对丈夫、朋友的劝告也听不进去，以前经常召集同事、同学聚会，现在却经常找理由回避聚会，工作效率也降低了。最近出现胸闷、头晕、没食欲、全身乏力、入睡困难等症状，认为丈夫不理解她，有时和丈夫吵架，对母亲发脾气。因头晕、没食欲、全身乏力及入睡困难等症状主动前来寻求情绪疏导人员的帮助。
>
> **情绪疏导人员的观察**：父母是大学老师，家境较好，人长得漂亮，体型也好，怀孕生产后变胖。

结合本例资料分析：来访者正处在产后返工和部门调整的阶段，对于产后肥胖和新部门一直无法适应，不良情绪已达半年之久，社会功能受到较大影响，诱发其情绪困扰的是现实因素，不良情绪泛化到生活的各个方面，并出现了较为明显的生理症状。因此，初步诊断来访者有严重心理问题。

六、神经症性心理问题的诊断

1. 神经症性心理问题的界定

神经症性心理问题虽然仍在正常心理的范畴，但是这一心理不健康状态比严重心理问题重，比神经症轻且接近神经症，或者它本身就是神经症早期。非精神病性障碍来访者是情绪疏导人员的工作对象，但对于心理紊乱程度已严重到疾病边缘的来访者，情绪疏导人员还是需要谨慎对待并在干预过程中高度警惕，如果疏导无效或症状加重，必须立即转送精神科。

2. 神经症性心理问题的鉴别诊断

对于神经症及神经症性心理问题进行诊断，其鉴别要点就是心理冲突的性质。心理冲突有常形与变形之分，二者基于两个标准区分，即是否有道德性质和是否与现实有直接联系。例如，婚姻中出现第三者后，离婚与不离婚就属于与现实事件有直接联系，并能区分道德与非道德性质，这就是常形。又如，一个人总是想着该吃饭还是不该吃饭，走路该先出左脚还是右脚，这些就与现实事件无直接联系，且无法区分道德与非道德性质，这就是变形。如果心理冲突变形，则先根据许又新关于神经症的诊断标准进行评分，再进行神经症性心理问题和神经症的鉴别诊断。

许又新关于神经症的诊断标准具体如下。一是病程标准。短程，3个月以内，评为1分；中程，3~12个月，评为2分；长程，12个月以上，评为3分。二是精神痛苦程度。轻度，自己可以设法摆脱，评为1分；中度，自己摆脱不了，必须由他人帮助，评为2分；重度，通过他人帮助也不能摆脱，评为3分。三是社会功能。轻微妨碍社会功能，可工作学习，评为1分；社会功能受损，效率下降，评为2分；严重损害社会功能，不能工作学习，评为3分。总分若为4~5分，则初步诊断来访者有可疑的神经症，即有神经症性心理问题；若总分≥6分，则初步诊断来访者患有神经症。

3. 通过以下案例来学习神经症性心理问题的诊断技能

案例十

一般资料：吴某，女，19岁，某大学一年级学生。

既往健康状况与咨询史：来访者既往身体健康，没有得过大病，也无明显躯体疾病，未进行过心理咨询。

背景资料：她认为自己是个怪人，有个害羞的怪毛病。两年多来，她从不与人多讲话，与人讲话时不敢直视，眼睛躲闪，像做了亏心事，一说话脸就发烧，低头盯住脚尖，心怦怦跳，皮肤起鸡皮疙瘩，好像全身都在发抖。她不愿与班上同学接触，觉得别人讨厌自己，在别人眼中自己是个"怪人"。她最怕接触男生，即使在寝室里，只要走廊有男生出现，就会不知所措。她也害怕老师，上课时，只有老师背对学生板书时才不紧张，只要老师面对学生，她就不敢朝黑板方向看，常常因为紧张对老师所讲的内容不理解。更糟糕的是，现在在亲友、邻居面前说话也"不自然"了。由于有这些怪毛病，她极少去社交场所，很少与人接触。她自己曾试图克服这些怪毛病，也看了不少心理学科普图书，尝试按照社交技巧去指导自己、用理智说服自己、用意志控制自己，但作用就是不大。最后她哭诉说，这些怪毛病严重影响了她各方面的发展，造成学习成绩下降，交往失败，与同学关系不佳。在咨询时她急切地问："老师，请快点告诉我，我为什么会这样呢，我该怎样才能克服怪毛病呢？"

情绪疏导人员的观察：来访者在面谈中神色慌张而羞怯，动作僵硬，眼睛不敢直视对方。

心理测验：SCL-90测验各因子分如下，躯体化1.2分，强迫症状1.3分，人际关系敏感3.5分，抑郁1.6分，焦虑2.4分，敌对1.2分，恐怖1.3分，偏执1.5分，精神病性1.1分，其他1.25分。

结合本例资料分析：来访者的强烈的恐惧、焦虑情绪及回避行为都与环境实际威胁不相称，找不到现实激发因素，也无法区分道德与非道德性质，因此属于心理问题的变形冲突。根据许又新关于神经症的诊断标准打分，其病程已超过12个月评为3分，精神痛苦程度中度评为2分，社会功能受损且效率下降评为2分，总分为7分，初步诊断来访者患有神经症。

> ### 案例十一
>
> **一般资料**：李某，女，16岁，某重点高中高一学生。
>
> **背景资料**：李某从小学至初中都是品学兼优的尖子生，周围都是对她的赞扬声。学校一直把她作为重点培养对象，希望她能为校争光。李某出生于工人家庭，在同辈亲属中也是出类拔萃的。她自己更是精神高涨、信心百倍，对自己要求十分严格，学习刻苦、勤奋，成绩一直名列前茅。初中毕业，她以较高的总分考入某重点高中。
>
> 进入高中后，学校很重视她，让她担任班干部和团干部。开始她的学习成绩不错，被同学誉为女生中的"四大金刚"。但她渐渐开始感到自己在同学心中的地位不像初中那样突出，而且还发现一些考试成绩不如她的同学，在知识面、社会适应能力等方面要比她强；宿舍里，一些家庭经济条件好的同学谈天说地，她插不上嘴，心里开始有种失落感，并感受到一种莫名的威胁。高一上学期期末考试，这些同学的成绩与她的差距开始缩小，特别是其中一位她觉得对自己威胁最大的女同学，总分高于她1分，她感到心里很不是滋味。在之后的寒假中她常觉得没劲儿，书看不下去，行动懒散。高一下学期开学后，她十分注意那位女同学，继而失眠，不想住学生宿舍，渐渐又产生恐惧，怕见校门、宿舍的床、课桌，更不敢提那位女同学的名字。在服用校医给的安定类药物后，失眠有好转，但情绪问题未解决。她的成绩开始下降，测验中出现几门课程不及格的情况。于是她丧失信心，十分想念过去，总想找回以前有信心且优越的感觉，又觉得再也不可能了。她觉得自己无法面对期中考试，认为肯定会失败。她总想大哭一场，又不敢。她回到家里，书看不进去，作业做不下去，经常坐在书桌前发呆或莫名其妙地流泪。

结合本例资料分析：来访者的恐惧情绪及回避行为都与环境实际威胁不相称，同时，其焦虑内容也并非现实激发因素，无法区分道德与非道德性质，因此属于心理问题的变形冲突。根据许又新关于神经症的诊断标准打分，其病程未超过3个月（高一

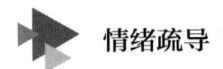 情绪疏导

下学期开学至期中考试前,两个多月时间)评为1分,精神痛苦程度为中度评为2分,社会功能受损且效率下降评为2分,总分为5分,初步诊断来访者有可疑的神经症。来访者的评分已接近神经症的分界值,如果其症状没有得到及时的干预和控制,那么可能很快就会转化为确诊的神经症。

情绪疏导初学者应该在掌握较为扎实的变态心理学理论知识并积极参考国内外精神诊断标准[如《国际疾病分类第十一次修订本(ICD-11)》、DSM-5、《中国精神障碍分类与诊断标准(第三版)》(CCMD-3)]的基础上进行实践操作,如果遇到较难判定的疏导个案,应积极与其他情绪疏导人员进行商谈或请上级督导介入,之后才能依据诊断结果进行后续疏导方案的制定。

 资料分析

请根据以下资料进行初步诊断,并给出诊断依据。

【资料一】

一般资料: 小黄,女,15岁,初三女生,自幼身体健康,无重大躯体疾病史,无家族遗传精神病史。一家三口,父母亲和她。

个人成长史: 小黄家庭经济状况良好,父母都是公务员,她从小在父母的宠爱中长大。小学是在一所重点初中就读,成绩一直很优秀,被家长和老师寄予厚望。刚进初中时,小黄由于要在学校寄宿而不得不离开父母,因此难过了很长一段时间。现在小黄已经适应了学校的寄宿制生活。学校管理很严格,每周只有星期三才允许家长来校看望孩子。每周三下午,小黄的父母都会带晚餐来看望她,并在她用完餐后陪她在操场散步、交谈。小黄平时学习很努力,对自己要求很严格,平时成绩在班级60名同学中排在六七名上下,很少考入前三名,属于优秀水平。但她对自己的成绩一直不太满意,觉得凭自己的能力完全可以考入班级前三名。中考的目标是本市重点高中。随着中考临近,小黄越来越担心、焦虑,注意力不能集中,记不住知识点。

来访者主诉: 一个多月以来,记忆力减退,睡眠质量不佳,严重时会整夜失眠。考试时很紧张,面红耳赤,心神不宁。每次试卷一发下来,就特别担心有不会做的题,一旦出现不会做的题,大脑就一片空白。考试期间一直静不下心来,思考速度比平时慢了许多,找不到恰当的解题方法。很多背过的知识都忘记了。容易出现心慌、出汗、焦躁不安等症状,考试焦虑情绪明显,为改善这种情况,特来求助。

情绪疏导人员的观察：小黄穿着洁净的校服，头微微低着，情绪低落，独自进入咨询室。交谈时很有礼貌，能较好地配合提问。智力发育正常，谈话条理清晰，意识清楚。无幻觉妄想，无智力障碍。谈到考试时有明显的焦虑情绪，求助要求迫切。

初步诊断：一般心理问题。
诊断依据具体如下。
1. 根据资料可以排除器质性病变。
2. 根据心理正常与异常三原则，求助者主客观世界统一，精神活动内在协调一致性，人格相对稳定，可排除精神病性障碍。
3. 求助者的心理冲突是现实因素诱发的，与处境相符，属于心理冲突常形，可排除神经症性心理问题。
4. 该求助者表现出焦虑、心慌、失眠、紧张、心神不宁等症状。从病程看，只有一个多月的时间。从严重程度看，来访者逻辑思维正常，情绪事件所导致的反应强度不是很强烈，反应也只局限在考试范围内，没有泛化，社会功能没有严重受损。

【资料二】
一般资料：林某，女，21岁，某高校大三学生。父母均为农民，家庭和睦，家里还有一个弟弟。足月顺产，母亲怀孕期间身体健康，无用药史。从小聪明可爱，虽性格内向，但学习成绩较好，深受父亲宠爱。经调查，父母无人格障碍和其他精神障碍，家族无精神疾病历史。来访者无重大躯体疾病史。

来访者主诉：一个半月前父亲突然离世，所以情绪很低落，也很紧张害怕，每次想起这件事情时就会伤心难过，脑海中反复闪现一个念头，即认为父亲的去世与自己有很大关系，因此总是很自责，晚上也经常会梦到父亲，能正常上学，但是明显感觉学习效率下降。为此焦虑苦恼，希望摆脱困境。

来访者自述：我家位于某市的一个村子里，家里比较贫困。父亲和母亲靠种地为生，但是我们那里地很少，所以家里经济很拮据。我上大学的学费对我家来说是一个很大的负担，每次还没开学父亲就开始为我的学费发愁了。在同村一个人的引荐下，父亲决定去附近的煤矿打工给我赚学费。就这样，每次开学我都是带着父亲辛苦打工赚的钱回到学校。我也一心想着好好学习，通过知

情绪疏导

识改变命运,所以我一直很努力。我慢慢发现同宿舍其他同学都用智能手机,只有我还用只能接打电话的老式手机,虽然我也知道家里很困难,父亲已经很辛苦了,但是左思右想之后还是给家里打了电话,向父亲提了买智能手机的要求。父亲只说了一句:"没事,爸给你挣。"一个星期之后,妈妈打来电话,我很激动,心想一定是爸爸给我买了新手机了,但是接起电话时,却听到了妈妈的哭声。父亲在拉煤的过程中发生车祸,被压在车底下,等救护车到了,父亲已经没有了呼吸,永远离开了。

虽然这件事情已经过去一个月了,但我晚上经常做梦,梦到父亲辛苦为我赚钱的场景,梦到父亲拉着我的手说他好想我。梦醒之后,我就会陷入自责和伤心之中,很痛苦。有时候不知道怎么的,就想到相关的事情,心情很差。尤其是在回家的那段时间,每天晚上母亲总会在那里唉声叹气,很多个晚上我都把被子哭得湿透了。我有时候总是禁不住产生这样的想法:"如果我不上大学,父亲就不会为了给我赚学费而去拉煤。如果我不向父亲要手机,父亲是不是也就不会发生车祸?"而且我感觉这件事情发生以后上课总是容易走神,学习效率也不如从前了,我担心一直这样下去会影响学习成绩,所以感到烦恼和焦虑。我很想找回以前自信、快乐的自己,但不知怎么办才好,所以希望有人可以帮助我,改变自己的心境状态。

情绪疏导人员的观察: 来访者衣着整洁,短发,精神不佳,很紧张,眼睛红肿有哭过的痕迹。陈述时一直眉头紧锁,注意力集中,思维连贯,逻辑清晰,语言表达没有异常。说话时不敢正视情绪疏导人员的眼睛,声音小,面露痛苦的表情,有明确的求助要求。

来访者的母亲反映: 来访者从小很懂事,性格很活泼,喜欢短头发,像个男孩子一样,整天无忧无虑的,父亲对其寄予很大希望。来访者学习成绩一直不错。自从父亲去世就不爱说笑了,整个人都变得安静了,也不愿意回家了,每次打电话总是唉声叹气。

初步诊断:一般心理问题。
诊断依据具体如下。
1. 根据资料可以排除器质性病变。
2. 根据心理正常与异常三原则判断,来访者主客观世界统一,精神活动内在协调一致,人格相对稳定,可排除精神病性障碍。

3. 来访者的心理冲突为现实因素诱发，与处境相符，属于心理冲突常形，可排除神经症性心理问题。

4. 来访者表现出痛苦、自责、焦虑等症状。从严重程度看，虽然该来访者痛失至亲后不良情绪体验较强，但社会功能只是受一定影响，逻辑思维正常，且情绪刺激只局限在家人离世的范畴内，没有泛化到其他事件。从病程看，只有一个多月的时间。

【资料三】

一般资料：陈某，男，16岁，高中二年级学生，担任班干部。

背景资料：陈某自从上了高中，不知从什么时候开始总想和异性接近，对异性的一言一行都十分关注，班上有些男女同学谈恋爱对他有一种他自己也说不清楚的影响。大半年前，老师调换座位，女生李某坐在了他的前方。李某气质高雅、温柔善良，一举一动都深深地吸引着陈某，陈某不知不觉地就暗自喜欢上了她。从此，他上课时无心听讲，而是老看前面的她；下课后，他总是走到李某身旁，希望她能够注意到自己。有一天，李某看了陈某几眼并对他微笑。从那天起，陈某便更加心神不宁，无心学习，幻想有一天他们能成为朋友，一起谈心。同时，陈某渐渐地不愿与同学们在一起，唯恐大家发现他心里的秘密，学习热情开始下降。他一看书，脑子里就是李某的影子。学习成绩眼看着往下滑，父母问他为什么，他不敢说，老师也找他谈话，但还是没能帮他解决问题。他自己也知道高二非常关键，但是最近几次月考成绩退步，他也拿自己毫无办法，觉得再如此下去，会影响高考甚至自己的前途，但是他又不能自拔。两个多月来，已经频繁出现没食欲、全身乏力、失眠、易受惊等症状，体检一切正常。他感到很压抑和苦闷，备受心理挫折的煎熬。因此，陈某前来求助。

初步诊断：严重心理问题。

诊断依据具体如下。

1. 根据资料可以排除器质性病变。

2. 根据心理正常与异常三原则，来访者主客观世界统一，精神活动内在协调一致，人格相对稳定，可排除精神病性障碍。

3. 来访者的心理冲突为现实因素诱发，与处境相符，属于心理冲突常形，可排除神经症性心理问题。

4. 来访者不良情绪的刺激源已出现泛化，持续时间已超过两个月，不良情绪已导致其在生理和心理方面受到严重影响，社会功能也明显受到影响。

【资料四】

一般资料：来访者，男，高三学生。独生子，小时候与父母生活，在其六岁时父亲因工作调动，把来访者带到上海外婆家上小学。小学四年级时又随父亲来南京读书。来访前就读于某重点中学，学习成绩一直名列前茅，年年都是三好学生。高三开学后，由于感到学习压力、社会压力过大，出现了一系列身心问题，严重影响学习，至今两月余。

来访者主诉：高三开学后自感学习压力大，头昏、失眠、胃痛、注意力不集中等两月余。

来访者自述：我从小就比较内向、胆小、自信心不足。升入高三后，学习、社会的压力像两座大山压得我喘不过气来，开始失眠、焦虑、烦躁，而且日益加重。刚开始时感到很累，不久就发现症状越来越多，包括乏力、烦躁不安、注意力不集中、头昏、恶心、胃痛、失眠，对学习逐渐失去兴趣，看书效率降低，总会受干扰而中断，学不下去。到一家综合性医院看病，各项检查都正常，如肝功能、脑电图、心电图等。最近几天的主要症状有眼花、看近处的物体吃力、头脑感到很迟钝、乏力、记忆力减退、白天想睡觉、晚上睡不深、恶心等。虽然坚持上学，但经常请假外出看病。也想去上学，但又怕上学。感觉根本无法静下心来看书，而不看书又更加烦躁不安。还有几个月就要高考了，同学们都在争分夺秒地复习，那些原来不如我的人都要超过我了，我要考不上大学了，我要成为一个废人了。这样那样的想法经常纠缠着我，使我心里极其痛苦。以前的期中、期末考试，为了多争一分，我会和同学们拼命较劲，会通宵达旦地学习，而现在……我真觉得已经和同学们差之千里了。我请假时会在心里拼命安慰自己：今天生物课没什么关系，老师只是对答案而已；下午语文老师说有事，不一定能赶回来……然而一节两节课、一天两天课不去可以，但一两个星期了，我却无法睡个好觉，无法去上课。渐渐地，我再也无法安慰自己了，我陷入了一种绝望的境地。一个高中学生，没有任何社会经验，学习、考大学是自己唯一的精神支柱，而这根支柱一下子倒了，自己像在大海中的孤岛上，叫天天不应，叫地地不灵……

情绪疏导人员的观察和他人反映： 来访者意识清楚，自行陈述，自知力完整，主动求助。来访者焦虑不安，轻度抑郁，自卑，敏感，为自己无法安心学习而自责和忧虑。尽管来访者知道如此紧张反而对学习不利，但就是无法自控和自行排除干扰。未发现幻觉和妄想。来访者由母亲陪伴而来，母亲所述与其陈述内容基本一致。

心理测验： SDS（self-rating depression scale，抑郁自评量表）测验标准分为53分，提示有轻微抑郁情绪；SAS测验标准分为67分，提示有中度焦虑情绪；SCL-90测验的焦虑因子分为2.9分，躯体化因子分为2分，抑郁因子分为1.6分，其余各因子分均小于1分；EPQ（Eysenck personality questionnaie，艾森克人格问卷）T分为E40、P50、N73、L39，提示内向、情绪极不稳定。

初步诊断：严重心理障碍。

诊断依据具体如下。

1. 经各科检查，无器质性病变。

2. 按照心理正常与异常三原则，来访者主客观世界统一，精神活动内在协调一致，人格相对稳定，可排除精神病性障碍。

3. 来访者刚升入高三，有较强烈的现实刺激；主动求助，且内心冲突有一定的现实意义；持续时间两月有余；情绪反应已经泛化，无论在学校、家里还是外出，都受焦虑情绪困扰；心理、生理及社会功能受到一定影响，如出现焦虑、抑郁、恐惧等不良情绪及失眠、头昏、胃痛等症状，不愿上学；伴有一定的人格缺陷，如从小胆小、自信心不足等。

【资料五】

一般资料： 兰某，女，29岁，未婚，公司职员。

来访者主诉： 来访者生活在一个单亲家庭，父母多年前离异，一直跟着母亲生活，母亲没有再婚。从学生时代起，母亲严格禁止她单独与异性交往；大学毕业后，她开始谈恋爱，母亲时常告诫她，"男人都不可靠，朝三暮四、喜新厌旧，交往时一定要慎重"；并且郑重警告她，如果敢在婚前发生性行为，就和她断绝母女关系。来访者一直与母亲相依为命，觉得母亲是为了自己而没有再婚，自己不该违背母亲的意愿。一想到父亲当年抛弃她们母女的行为，就感到男人确实不可靠。因此与几任男友交往都无疾而终。

情绪疏导

　　她一年前认识了一位从海外留学归来的男士，其身材、相貌、经济条件都让她非常满意，男士也有意和她发展恋爱关系，两个人成为情侣。但由于母亲的告诫，来访者始终与男友保持距离。因为多次拒绝了男友发生亲密关系的要求，她感觉男友开始疏远她，跟她在一起时不再像刚认识时那样关心她。半年前的一天，在她与该男友通完电话之后，突然感到心慌、气短、头晕、两腿无力。此后，她便经常提心吊胆，担心男友不再喜欢她，自己成为"剩女"，从此嫁不出去；又担心自己如果嫁给男友，以后也会落得跟母亲一样的下场。心慌、气短等症状时有出现，曾到多家医院检查，但没有查出明显器质性病变。虽然单位领导减少了她一部分工作量，但工作效率仍然较低，并且精神痛苦难以摆脱。主动前来疏导。

　　情绪疏导人员的观察：来访者衣着整洁，面貌姣好，但情绪低落，拿杯子时能看到手在颤抖。

　　初步诊断：焦虑性神经症。
　　诊断依据具体如下。
　　1. 经各科检查，无器质性病变。
　　2. 按照心理正常与异常三原则，来访者主客观世界统一，精神活动内在协调一致，人格相对稳定，可排除精神病性障碍。
　　3. 诱发来访者目前心理冲突和躯体症状的刺激与现实因素无密切关系，心理冲突属于变形冲突。
　　4. 根据许又新关于神经症的诊断标准：来访者病程为半年左右，评为2分；精神痛苦程度为中度，依靠自己难以摆脱，评为2分；社会功能受损，工作效率显著下降，需要减少工作量，评为2分。总分为6分，故初步诊断来访者为神经症患者。

【资料六】

　　一般资料：陈某，男，19岁，高三复读学生。
　　来访者主诉：来访者高考失利后主动选择复读。来访者出生在农村，与父母同住。家中有个姐姐，已婚。父母经商，平时在家时间不多，与其沟通和对其关心都较少。一直以来，来访者都希望自己能够通过学习考到大城市，找到好工作让父母以自己为荣，因此，对自己的要求一直很高。来访者的个性是凡事藏在心里，不与人交流，遇事自己拿主意，独立好强。高考失败后，来访者对自己很失望，但是仍觉得可以努力再拼搏一次。复读后，来访者突然开始害怕擦黑板，一想到擦黑板就紧张、害怕、心慌、发抖，学习效率低，学习成绩下降。

来访者父母的反映：感觉到孩子压力很大，最近两个月老是发脾气，学习成绩也不如从前，不知道怎么回事，也不知道该怎么帮助。老师反映孩子这段时间学习状态不好，看上去很焦虑，原本开始复读时是全班第一，现在已经下滑到第三十名。体检一切正常。

情绪疏导人员的观察：来访者衣着整齐，脸色稍带疲倦，讲话语速较快，言语流利且逻辑性强，声音清晰，眼睛发红。但当谈到擦黑板、高考时，表现出明显的担忧和焦虑，双手开始搓动，后背前后晃动，表现出明显的不安和紧张。

初步诊断：神经症性心理问题。

诊断依据具体如下。

1. 根据资料可以排除器质性病变。

2. 按照心理正常与异常三原则，来访者主客观世界统一，精神活动内在协调一致，人格相对稳定，可排除精神病性障碍。

3. 引发来访者目前情绪和躯体症状的是"擦黑板"，与现实处境无密切关系，涉及生活中不太重要的事，心理冲突属于变形冲突。

4. 根据许又新关于神经症的诊断标准：来访者病程为两个月，评为1分；精神痛苦程度为中度，依靠自己难以摆脱，评为2分；学习、人际交往有一定影响，社会功能受损程度轻微，评为1分。总分为4分，未达到神经症诊断标准。

思考题

1. 如何做好初诊接待的准备工作？
2. 如何提问与倾听？
3. 如何对来访者的信息进行整理？
4. 如何在情绪疏导工作范围内进行初步诊断？

培训任务 3

情绪疏导测量技术

学习单元 1

概述

知识要求

心理测量起源于欧洲,十九世纪传入我国后引起了心理工作者的关注。在情绪疏导过程中,无论是疏导前后的评估,还是寻找症状原因,心理测量都是重要的手段。因此,有必要了解心理测量的相关知识。

一、心理测量的元素

测量是指依据一定的法则用数字对事物加以确定。心理测量包含了三个关键元素,即法则、数字和事物。

1. 法则

对于情绪疏导人员而言,法则是指在情绪疏导过程中使用的测量工具所依据的心理学原理和方法。例如,智力测验就是依据智力理论编制的智力量表,以测验得分的多少来评估智力水平的高低。

2. 数字

数字是表示某一事物或该事物某一方面数量化的价值。心理测量工具是根据来访者认知、行为、情感等心理活动的差异程度来给出代表结果的数字的。例如,若使用心理健康测验，那么给定的数字即代表来访者的心理健康水平。

3. 事物

事物是指测量的对象。在情绪疏导工作中，事物代表来访者的心理状态和个性特点等。

心理测量是指根据心理学原理设计程序对心理因素进行测量，一般测量比较有代表性的问题，如情绪、行为模式、人格特征等。心理测量的工具是心理测验，其形式类似于问卷，可在情绪疏导过程中帮助来访者了解自己的情绪、行为模式、人格特征等。

二、心理测量的性质

不同人在心理和行为的各个方面是存在个体差异的，因此，要了解不同人的心理特点，就需要使用测量手段对人的某些心理特征进行数量化的评价，从而区分出它们的相似性和差异性。心理现象比较复杂，对其进行测量也比较困难，因此，心理测量具有一定的特殊性，其性质表现在以下几个方面。

1. 测量对象的间接性

时至今日，心理学家仍无法直接测量人的心理活动，而是通过人对测验内容的外在行为反应来推断其内在心理特质。例如，一个人喜欢修理电器，经常阅读电器说明书，喜欢观看电器方面的节目，由此可以推论此人具有"机械兴趣"的心理特质。智力也是一种心理特质，如果某人见识广博、记忆力好、思维逻辑性强、语言表达流畅，就可以说此人具有较高的智力水平。可见，心理测量对心理特质的评估不是通过直接测量，而是根据人们的行为模式推测出来的，所以心理测量的对象是间接的。

2. 测量结果的相对性

在对一个人的测量结果做判断时，没有绝对的标准，是要把这个人的行为与其他人的行为加以比较，看这个人处在群体分数的哪个位置上，由此得出这个人智力水平的高低、兴趣的大小或性格的特性等。例如，对某班级学生的心理健康水平进行测量，认为小明的心理健康水平较高，这种判断本身就是将他与班内其他同学相比较后得出的结论。这种判断是相对的，如果将小明与其他班的同学进行比较，就不一定能得出他心理健康水平较高的结论。因此，每个人的心理测量结果都是与所在群体或某种人为确定的标准相比较而言的，具有结果的相对性。

3. 测量程序的客观性

测量程序的客观性实际上表现为测量程序的标准化。首先，测量工具应标准化，即测验的编制、实施、计分和结果的分析解释等程序要符合统一的规范。其次，测量条件应标准化，即在实施测验的过程中，外界条件要相同。例如，测量时间要相同，测量现场的光线、温度等一切可能影响来访者作答的环境刺激均要一致；问卷要规范，字迹要清晰，字体大小要适中；测验说明要统一，不能包含任何暗示性文字，既不能协助来访者，也不能造成紧张气氛；测验结果的记录和分数统计要有统一的标准，测验结果要参照统一标准来解读。总的来说，标准化程度越高的测验，其结果的客观性也越好。

三、心理测量的功能

心理测量用来测量人与人之间的心理差异或反映同一个人在不同场合下的心理状态，有助于人们进行自我了解和对他人进行评价。下面分别从学习者、从业者的角度来说明心理测量的功能。

1. 学习者角度

（1）了解优势和不足。在情绪疏导工作中，心理测量可以从智力、能力倾向、创造力、人格、心理健康等方面对测量对象进行全面的描述，说明每个人的心理特性和行为特点。同时，心理测量可以对一个人不同心理特征之间的差异进行评价，从而确定其相对的优势和不足。例如，一些心理测验可以评价人们在学习或能力上的差异，评价人格特征以及相对的优点和弱点，评价未成年人已达到的心理发展阶段等。

（2）提供参考和决策。通过心理测量可以确定每个人内在的差异及其与他人的差异，并由此预测在将来活动中可能出现的情况或在某个领域未来成功的可能性。例如，有些年轻人在交友前会做相关的心理测验，对自己的人际交往倾向性进行了解，以便找到志趣相投的朋友，降低交友失败的可能性。另外，心理测验结果也可以为升学或就业提供参考意见，帮助人们了解自己的能力倾向和人格特征，确定自己能干什么、适合干什么以及可能获得成功的专业或职业，进而做出最佳选择。

2. 从业者角度

（1）寻找问题原因。心理测量可以用来找出工作困难和适应不良的原因，搞清楚是由于缺乏某种特殊能力，还是某方面的知识没有掌握，或是性格不良，从而提供帮助或采取适当的补救措施。例如，针对某一工种而编制的心理测验可以确定职工常犯错误的类型，找出职工在工作中的弱点，以决定采用什么方法弥补。又如，在一些企事业单位中，某些心理测验也用于企业运行情况的诊断，如对生产流程、企业文化的诊断等，诊断结果可为企业改革、发展提供较为科学的依据。通过心理测量可以探索人的情绪困扰和人格障碍，帮助情绪疏导人员查明心理问题、障碍性质及程度，为来访者的情绪疏导、自我决策和行为矫正提供参考意见，进而有针对性地给予疏导。

（2）便于人岗匹配。人们常常感叹"千里马常有，而伯乐不常有"，实际上，单纯依靠个人经验来选拔人才是远远不能满足当下各个行业对人才的大量需求的。同样，在情绪疏导过程中，仅仅凭借观察和问询往往难以做出正确诊断。因此，要辨别哪些人具有最大成功可能性或最具有该领域胜任力，哪些人更容易陷入职业风险与困境，就可以根据对岗位的分析找出各种工作活动所要求的能力特征，然后根据这些能力特征设计出相关的人格和成就测验，预测人们从事各种活动的适当性，从而大大提高人才选拔的效率和准确性。目前，国内已经有人事选拔的心理测验，其结果可以为客观、全面、科学地选拔人才提供依据。例如，工厂可以将工人安排到与其能力、人格相匹配的岗位，从而减少人力和物力的浪费。

注意，在解决实际问题时，测验结果只是做决定时要参考的一个方面，而不是充分条件，要做出一个好的决策还必须综合考虑其他因素。

四、心理测验误区

关于心理测验，人们对其评价不一，主要原因是对它缺乏客观、辩证的态度。有的人认为心理测验完美无缺，把它奉为不二法宝；有的人认为心理测验毫无用处，且有危害性。下面介绍几个常见的心理测验误区。

1. 忽视心理测验的局限性

有些人认为心理测验可以解决所有问题，把测验分数绝对化。例如，即使两个人做同一个智力测验，得分只差1分，也会认为这种差别很有意义，以此作为识人的依据。如果在使用心理测验时忽视了其辅助参考的作用，将其作为决策的唯一依据，那么就会产生错误的结论。

2. 存在不良的测验动机

随着心理测验的应用越来越广泛，人们对它的认识逐渐分化。

有些人利用心理测验有所图谋。例如，早期智力测验的结果表明，美国黑人的平均智力得分低于白人，于是有人下结论说黑人比白人劣等，这种不良测验动机提供的解释就为宿命论和种族歧视提供了心理学依据。

另有一些人对心理测验结果有倾向性明显的期待。在解读心理测验结果时，这些人把个性和态度作为学习或工作的成功指标，并在做实际决定时加以考虑。因此，当测验结果与那些毫无根据的期望大相径庭的时候，对测验的失望、怀疑乃至敌视情绪便油然而生。

3. 把心理测验等同于智力测验

不少人会有这样一种认识：心理测验＝智力测验＝智商＝遗传决定论。也就是说，他们把心理测验完全等同于智力测验，并认为其能直接反映一个人天生的智力水平。这是一种误解，因为智力作为心理特征的一部分，固然有其重要性，但人格、兴趣、个性等其他方面也同样需要重视和测量。

总之，心理测验和其他科学工具一样，必须适当地运用才能发挥其功能，如果滥用或由不够资格的人员实施、解释，则会引起不良后果。

下面来看一个心理测验使用不规范的案例。

> **案例**
>
> 陈某，男，40岁。五年前丧偶，一直过得不如意，幸好有一女性朋友经常照顾他。这段时间他发现自己爱上了这位女性朋友，并且向她表白。但这位女性朋友已经有丈夫和孩子，也无意与其发展进一步的关系。陈某本人感觉自己离不开这位女性朋友，但又怕落下破坏他人家庭的名声，感到十分烦恼。闲来无事便在网上做了一份90项症状自评量表，结果显示他的心理不健康，他因此产生许多悲观的想法和更多的不良情绪。

结合本例资料分析：心理测验结果的解读需要具备数理统计知识和严谨的科学态度，大多数人并不知道如何正确使用心理测验和分析其结果，在缺乏情绪疏导人员帮助的情况下，盲目施测是很危险的，因为有些人往往以为这就是最终诊断。判断一个人是否有心理问题或者情绪障碍，心理测验结果只能作为参考，而得出结论主要是靠情绪疏导人员与来访者进行的细致深入交谈。

五、科学的测验观

1. 心理测验是决策的辅助工具

心理测验能对决策起到辅助作用,它的出现是心理学发展史上的一大进步。有许多高级心理过程目前尚无法用其他方法进行研究,而实施心理测验就是很好的办法,它可以弥补当前技术的不足。

另外,当人们进行情绪疏导、心理健康评价、人才选拔等方面的工作时,一些传统方法常常是有失准确性、可靠性和科学性的。这时,如果使用相匹配的心理测验,就可以增强决策的准确性、可靠性和科学性。

2. 心理测验需要不断完善

虽然心理测验作为情绪疏导工作的必要工具,在实际生活中也得到了广泛应用,但是心理测验从理论到方法都还存在许多问题,如果过分夸大心理测验的科学性和准确性,则会带来一定的危害。因此,情绪疏导人员对心理测验的结果做出解释时应谨慎,尤其是预测人的行为或心理活动时更应慎之又慎。

有些心理测验的理论基础存在不足。例如,在心理学界,关于智力和人格的定义还有争论,但智力测验和人格测验已经在现实生活中广泛使用。值得一提的是,任何一种工具开始时总是非常粗糙,只有在使用中才能发现它的不足,从而不断对其改进和完善。心理测验同样有待于在使用中继续发展和完善。

因此,心理测验的使用者既要承认它的不完善,又要科学、合理地使用它,这样才能最大限度地发挥其工具作用。

学习单元 2

心理测验的准备及实施

知识要求

心理测验作为标准化的测量工具,其使用和操作需要遵循一定的规范。在使用心理测验之前要做一些准备工作,并按规范要求正确实施。

一、情绪疏导人员应具备一定的专业资格

1. 知识要求

在知识方面,要求情绪疏导人员必须具备相关的心理学基础知识和心理测量学专业知识。在基础知识方面,情绪疏导人员应掌握健康心理学、心理诊断等心理学基础知识。在专业知识方面,情绪疏导人员应掌握心理测量学方面的知识,如对心理测量的特点和性质、作用和局限性有明确的认识,熟悉心理测量标准化的重要性等。

2. 技能要求

在技能方面,要求情绪疏导人员掌握心理测验的使用方法以及测验结果的解读方法。情绪疏导人员必须接受系统、规范的心理测验专业技能训练,熟悉有关心理测验的内容、适用范围、施测程序和统计方法等。个别心理测验对情绪疏导人员的技能要求很高,情绪疏导人员的施测水平直接决定这些心理测验能否取得预期效果。注意,

即使情绪疏导人员具备了一定的专业资格，可以熟练地担任某些心理测验的主测者，但也并不意味着他可以实施任何心理测验。各种心理测验种类繁多，新的心理测验也在实践过程中不断产生，即使是具有施测资格的情绪疏导人员，仍然需要通过不断学习来提高施测水平。

3. 个人素养要求

（1）对测验内容保密。对于大多数心理测验而言，测验内容的泄露可能会导致测验失效，因为心理测验的结果只有在待测者事先不知晓测验内容的情况下才有价值可言，对测验内容保密是为了保证测验的价值。这就要求情绪疏导人员不可以在开放性场合原封不动地公开心理测验的内容。在对心理测验进行宣传推广时，只能引用个别例题，正式的测验题目是不能对外公开的。

（2）对测验的使用进行控制。心理测验并非所有人都可以接触和使用，它的使用者必须是经过专业训练和具备一定资格的专业人员，切不可将心理测验交给或透露给不够资格的人员使用，避免因其资质不足而引发滥用和误用事件。

（3）对测验涉及的个人隐私进行保护。在实施心理测验时，不少内容会涉及来访者的个人隐私。例如，在人格测验中，有的题目会询问私人生活、内心冲突和家庭关系等问题。情绪疏导人员应尊重来访者的人格和隐私，对测验中获得的个人信息要严格保密，并由有资质的专业人员妥善保管测验资料。除非在对个人或社会可能造成严重危害等保密例外的情况下，才能向有关部门报告。

下面来看一个心理测验滥用的案例。

> **案例**
>
> 吴某，女，24岁，本科学历，现为一公司职员，最近一个月因为入睡困难，感觉心情烦闷，故到一家心理咨询机构寻求帮助。该机构前台的接待人员在安排心理咨询师的过程中，让吴女士填写了韦氏智力量表并收取了相关费用。

结合本例资料分析：心理测验的使用有一定门槛，相对于情绪疏导工作来说，使用心理测验的工作人员除了应具备一定的专业资格外，还要有针对性地选用心理测验，不可以把心理测验作为创收途径，浪费来访者的金钱和时间。

二、心理测验选用原则

在情绪疏导过程中，使用心理测验的目的是为情绪疏导人员提供所需的信息资料和决策参考意见，因此如何选用合适的心理测验进行测量就非常重要。

1. 结合初诊表现

评估来访者的心理发展水平、心理健康状态以及心理特点是情绪疏导人员的工作。鉴于来访者在初诊接待中的表现（如来访者有明显焦虑情绪），情绪疏导人员认为有必要做心理测验，故选用与情绪有关的量表，以此鉴定来访者的情绪类型和严重程度等，从而了解来访者的症状表现以便后续更好地进行沟通，并提供有针对性的情绪疏导帮助。当然，有时也可能是来访者或他人提出测验需求，结合问题的属性，情绪疏导人员可做出相应的选择。

2. 寻找症状原因

某些心理测验能对生理、心理健康状态做出判断，而某些心理测验对了解焦虑、抑郁等精神状态很有帮助。当情绪疏导人员需要更深入地了解来访者时，如为了寻找早期原因，可选用病因探索性量表。例如，在实施90项症状自评量表的测验后，如果确定了非情景性症状的性质，还可以启用人格问卷，以便探索症状的人格原因。值得说明的是，人格测验广泛地运用于鉴别和诊断各种类型的人格障碍，并能对精神病、神经症等做出诊断。

3. 排除疾病

有时候，一些非心理疾病会表现出一定的心理症状，因此可以使用相应的量表进行疾病的排除，使情绪疏导工作始终在心理学范畴内来开展。如果怀疑来访者有精神疾病，可以使用明尼苏达多相人格测验进行筛查；如果怀疑来访者智力有问题，如学生适应不良、学习困难，或鉴别脑损伤、精神障碍及其他病理状态引起的智力衰退、智力缺陷等，可以使用智力量表；如果怀疑来访者患有神经系统疾病，可以使用神经心理学方面的测验。

4. 评定疏导效果

情绪疏导人员对来访者进行有效的情绪疏导后，可使来访者在某些方面发生积极的变化，促进其人格成长。因此，基于心理测验的客观咨询效果评估可以使来访者的变化得到反馈。

三、心理测验前的准备工作

准备工作是保证心理测验顺利进行和测验实施标准化的必要环节，主要包括测验的告知、准备测验材料和熟悉测验流程。

1. 测验的告知

如要实施心理测验，情绪疏导人员应提前告知来访者，保证来访者知道测验的时间、地点以及答题方式、测题类型等，使来访者有一定的心理准备，能够及时调整自己的情绪和心理状态。注意，心理测验一般不搞突然袭击，必须在告知来访者且来访者接受的基础上施行，否则会使来访者的精神和情绪等处于混乱状态，不利于测验的进行。

2. 准备测验材料

无论是一对一的测验，还是一对多的测验，都需要对测验材料进行准备。如果是一对一的测验，应检查题目是否完整，填写工具是否完好，涉及电子仪器时应及时进行检查和校验，避免故障带来测验误差。如果是一对多的测验，应检查、清点所有的问卷、答题纸、笔和相关材料，并将其摆放好，以免出现错漏。

3. 熟悉测验流程

指导语包含测验目的及填写问卷的流程说明。在进行心理测验前，情绪疏导人员应记住指导语，这是最基本的要求。如果是一对多的测验，情绪疏导人员可以临场朗读，但要保证朗读过程是自然的，避免念错、重复、停顿或结巴，应使来访者在测验前感到轻松，否则容易因为紧张而影响测验结果。总之，情绪疏导人员明确测验的流程及分工，有助于测验的有效实施。

四、心理测验的注意事项

1. 遵守测验流程

情绪疏导人员应按照指导语的要求实施测验，不能带有任何暗示和提醒。当来访者询问指导语含义时，应尽量按中性方式进一步澄清和说明。例如，被询问某些词语的意义时，应尽量按照字典中的词义进行解释。

 情绪疏导

2. 不做与测验无关的事

测验开始时不讲与测验无关的话。假设测验时间为 40 分钟，情绪疏导人员却占用 15 分钟来做不必要或冗余的说明，这样会使来访者感到压力。这种与测验无关的说明不仅不会强化来访者的注意力，还会使其焦虑、烦躁，甚至导致来访者对情绪疏导人员产生敌意。

3. 保持中立态度

测验开始之后，情绪疏导人员不应对来访者的反应做出点头、摇头、皱眉等暗示性动作，这会影响来访者进行测验，情绪疏导人员应时刻保持亲切、友好的态度。另外，在一对一施测时，情绪疏导人员进行统分时，不应让来访者看见，可用纸板等物品挡住，这样做一是避免影响来访者的情绪，二是避免分散来访者的注意力。

4. 做好预案准备

实施测验有时会遇上意料之外的情况，为此情绪疏导人员应对可能出现的特殊情况做好心理准备，并提前准备好预案。例如，在测验过程中出现停电、有人晕倒、计算机故障等情况时，应沉着冷静、机智、灵活地应对，不要慌乱。

学习单元 3

焦虑自评量表

当人们在日常工作生活中面临危险或压力时,普遍会表现出焦虑这种消极情绪反应。处在焦虑状态中的人,往往易怒、紧张不安、有恐惧感、注意力不集中、记忆下降、失眠,并伴随一定的身体症状,包括头晕、胸闷、心悸、呼吸急促、出汗、疼痛、消化不良、肠胃功能紊乱等。适度的焦虑是一种正常的心理现象,过度焦虑则会成为一种疾病。若要具体了解焦虑症状的持续时间和严重程度等,就可以使用相关量表进行辅助判断。

焦虑自评量表(SAS)是威廉·W.K.庄在1971年编制的自评量表,它具有良好的测试效果,可作为情绪疏导人员评定来访者焦虑症状和严重程度的工具。该量表含有20道反映焦虑主观感受的题目,其中15道正向计分,5道反向计分。

下面来看一个应用案例。

> **案例**
>
> 王某,女,19岁,某高校大一学生,汉族。她来自一个知识分子家庭,是家中独女,外貌清秀,体态匀称,性格内向,无重大躯体疾病史。父母都是小学老师,家庭和谐融洽,无明显问题,并且无家族精神病史。父母对她管教很严格,她也感受到父母对她的期许与宠爱,自身非常努力,一直担任学生干

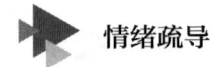

> 部,各科成绩名列前茅,自尊心很强。
>
> 　　在周围人对她赞美与鼓励下,她已习惯将所有考试或选拔看作"自我能力的挑战"。但是高考失利,"一路领先"的她只考上了一所普通的本科学校,后来通过竞选进入学生会担任组织部的干事。她要求自己一定要做好,但因在一次校级活动中出现工作疏忽,遭到部门学生干部的批评,产生了强烈的挫败感,压力大,情绪低落,注意力难以集中。
>
> 　　综合其症状因素,通过使用 SAS 进行测验,结果如下:SAS 粗分为 50 分。

　　结合本例资料分析:来访者的 SAS 粗分为 50 分,将粗分乘以 1.25 得到 62.5 分,取整数部分即标准分为 62 分,对照 SAS 中国常模的分数段,来访者的分数落在 60~69 分,即为中度焦虑水平。测验结果仅供情绪疏导人员参考。

技能要求

焦虑自评量表(SAS)的操作

一、操作准备

　　了解 SAS 的适用范围:SAS 可以评定焦虑症状的轻重程度及其在疏导过程中的变化,适用于具有焦虑症状的成年人;SAS 主要用于焦虑情绪疏导效果的评估,不能用于诊断。

二、操作步骤

步骤 1　施测

（1）在评定之前,一定要让来访者先明确整个量表的填写方法及每个题目的含义,然后进行独立的、不受其他人影响的自我评定。

（2）如果来访者的教育水平偏低,理解不了 SAS 题目的含义,可由情绪疏导人员逐题念出来,由来访者独立进行评定。

（3）来访者根据最近一周的情况进行评定,在量表上直接作答。

（4）在评定过程中,应让来访者理解反向计分的题目,SAS 有 5 道反向计分题目,若无法理解则会直接影响测验结果。

（5）评定结束后,情绪疏导人员应仔细检查每一道题目的填写情况,并询问来访者是否已全部填写,避免出现漏评某一道题目或在同一道题目上重复评定的情况。

步骤2　计分

该量表共有20道题目，每一道题目按照焦虑症状出现的频率分为4个等级进行评定：1表示没有或很少有，2表示少部分时间有，3表示相当多的时间有，4表示绝大部分或全部时间有。对于正向计分题目，上述4个等级依次计为粗分1分、2分、3分、4分，对于反向评分题目则依次计为4分、3分、2分、1分。SAS中有5道反向计分题，分别是第5、9、13、17、19题。

该量表的主要统计指标为标准分。来访者在20道题目上的得分相加即为粗分，粗分的正常上限为80分。粗分需要经过换算转化成标准分，即用粗分乘以1.25后取整数部分，就得到标准分。

三、注意事项

1. 分数的意义

按照中国常模结果，SAS标准分的分界值为50分，超过分界值则说明存在焦虑状态。其中，50~59分为轻度焦虑，60~69分为中度焦虑，69分以上为重度焦虑。

2. 特别提醒

（1）焦虑情绪属于神经症的共同症状，所以SAS在不同神经症之间的鉴别作用不明显。

（2）关于焦虑情绪的等级分类，除了参考心理测验结果外，还应根据症状表现的程度来进行判断，因此SAS标准分只能作为一项指标而非绝对标准。

学习单元 4

抑郁自评量表

每个人的情绪都存在好与坏、高与低的区别,通常都在正常范围内波动。抑郁是一种过分低落的情绪体验,通常来访者感觉身心不愉悦、兴趣减少、较难体验到开心,比如以前觉得开心的事情,现在却认为毫无意义且不感兴趣。情绪疏导人员遇到有抑郁情绪的来访者时,可以使用抑郁自评量表进行评定。

抑郁自评量表(SDS)是威廉·W.K.庄在1965年编制的自评量表。它能直观地反映来访者抑郁状态的有关症状及其严重程度,在一定程度上能帮助情绪疏导人员了解来访者近期心境,特别适合评定情绪状态及疏导前后的情绪变化。该量表操作简便、效果较好、应用广泛,不受年龄、性别、经济状况等因素的影响。该量表由20道题目组成,其中10道正向计分,10道反向计分。该量表包括四组特异性症状:精神性情感症状、躯体性障碍、精神运动性障碍和抑郁性心理障碍。

如果SDS用于评估疏导效果,应在开始疏导前让来访者评定一次,然后至少应在疏导后再让其评定一次,以便通过SDS总分变化来分析来访者的症状变化情况。如果SDS用于疏导期间的评定,评定的时间间隔可由情绪疏导人员自行安排。

下面来看一个应用案例。

> **案例**
>
> 宁某，男，19岁，高三复读生。他从小由母亲带大，母亲对其照顾得无微不至，特别注重宁某的学习。在小学阶段，宁某的成绩一直在班级名列前茅，他的生活一直是白天上课，晚上参加各种培训班。到了初中，宁某开始出现明显的厌学情绪，但迫于母亲的压力还是坚持参加各种培训班，成绩也处于中上水平。到了高中，学习压力越来越大，宁某在班级的排名出现了明显下降，他的母亲开始变得越来越焦虑，对宁某的要求也越来越严格。高考失利后，宁某遵从母亲的意愿选择复读一年，可他的母亲变得更加紧张且难以控制，每天都在与宁某讨论分数，宁某变得越来越沉默，与母亲的关系也越来越紧张，学习压力很大但却没有了动力。最近两个月时常失眠，情绪低落。
>
> 综合其症状因素，使用SDS进行测验，结果如下：SDS粗分为55分。

结合本例资料分析：来访者的SDS粗分为55分，将粗分乘以1.25得到68.75分，取整数部分即标准分为68分，对照SDS中国常模的分数段，来访者的分数落在63~72分，即为中度抑郁水平。测验结果仅供情绪疏导人员参考。

技能要求

抑郁自评量表（SDS）的操作

一、操作准备

了解SDS的适用范围：SDS为自评量表，其评定对象为具有抑郁症状的成年人，由来访者自己填写；SDS主要用于抑郁情绪的粗筛、情绪状态评定以及调查、科研等，不能用于诊断。

二、操作步骤

步骤1 施测

（1）在评定之前，一定要让来访者先明确整个量表的填写方法及每个题目的含义，然后根据最近一周的实际感觉，进行独立的、不受其他人影响的自我评定。

（2）要让来访者作答时不要有顾虑，可以根据其真实感受和实际体验来作答，不要在某一题目上花费过多的时间去思考，应顺其自然，根据第一感觉做出评定。

（3）如果来访者的教育水平偏低，无法理解SDS题目的含义，可由情绪疏导人员逐题念出来，由来访者独立进行评定。

（4）在评定过程中，应让来访者理解反向计分的题目，SDS有10道反向计分题目，若无法理解将直接影响测验结果。

（5）一次评定在10分钟内完成。

（6）评定结束后，情绪疏导人员应仔细检查每一道题目的填写情况，并询问来访者是否已全部填写，避免出现漏评某一道题目或在同一道题目上重复评定的情况。

步骤2　计分

该量表共有20道题目，分别列出了来访者在抑郁情绪方面可能存在的问题。每一道题目相当于一个相关症状，按照出现的频率分为4个等级进行评定：1表示没有或很少有，2表示少部分时间有，3表示相当多的时间有，4表示绝大部分或全部时间有。其中10道题目为正向计分，另外10道题目（第2、5、6、11、12、14、16、17、18、20题）为反向计分。对于正向计分题目，统计时依次计为粗分1分、2分、3分、4分，对于反向计分题目则依次计为4分、3分、2分、1分。

该量表的主要统计指标是总分，但要经过一次换算，不能直接相加。待评定结束后，把20道题目的分数相加，即得到粗分，然后将粗分乘以1.25后取整数部分，就得到标准分。

三、注意事项

1. 分数的意义

该量表的主要统计指标有两种，包括总分和抑郁严重度指数。

（1）总分。粗分的正常上限为80分，标准分的正常上限为100分。按照中国常模结果，SDS标准分的分界值为53分，超过分界值则说明存在抑郁状态。其中，53~62分为轻度抑郁，63~72分为中度抑郁，72分以上为重度抑郁。

（2）抑郁严重度指数。即各项目累积分除以80。抑郁严重度指数范围是0.25~1.0，其中，0.5以下为无抑郁，0.5~0.59为轻微至轻度抑郁，0.6~0.69为中度至重度抑郁，0.7及以上为重度抑郁。抑郁严重度指数越高，抑郁程度越严重。

2. 特别提醒

（1）SDS主要适用于具有抑郁症状的成年人，它在情绪疏导及心理咨询门诊中均可使用。但对存在严重阻滞症状的抑郁症患者，评定有困难。

（2）关于抑郁症状的等级分类，除了参考测验结果外，还应根据症状特别是关键症状的程度来进行判断，因此SDS标准分只能作为一项参考指标而非绝对标准。

学习单元 5

情绪调节问卷

　　情绪调节是情绪疏导工作的重点和难点，它对来访者的认知、行为过程和结果产生直接或间接的影响，因此，如何通过一定的策略和机制来评价来访者情绪在生理反应、表情动作、主观体验等方面发生的变化，显得尤为重要。

　　情绪调节问卷（emotion regulation questionnaire，ERQ）主要用来评定个体在日常生活中对认知重评策略和表达抑制策略的使用情况。该问卷由 10 道反映情绪调节的题目组成，包含两个维度，即认知重评和表达抑制。认知重评是指改变对情绪事件的理解及对个人价值影响的认识，如安慰自己不要生气，遭遇的事件并不是灾难性的等。表达抑制是指控制将要发生或正要发生的情绪表达行为，是启动自我控制的过程。

技能要求

情绪调节问卷（ERQ）的操作

一、操作准备

　　了解 ERQ 的适用范围：ERQ 可以评定情绪调节策略的使用情况，由来访者在问卷上直接进行填写。

二、操作步骤

步骤1 施测

（1）在评定之前，一定要让来访者先明确整个问卷的填写方法及每个题目的含义，然后进行独立的、不受其他人影响的自我评定。

（2）如果来访者的教育水平偏低，理解不了 ERQ 题目的含义，可由情绪疏导人员逐题念出来，由来访者独立进行评定。

（3）评定结束后，情绪疏导人员应仔细检查每一道题目的填写情况，并询问来访者是否已全部填写，避免出现漏评某一道题目或在同一道题目上重复评定的情况。

步骤2 计分

该问卷共有10道题目，其中，第2、4、6、9题为表达抑郁维度，其余题目为认知重评维度。每道题目按情绪调节策略符合的程度分为7个等级进行评分，1为非常不符合，7为非常符合，分数越高，表明对应情绪调节策略的使用频率越高。

三、注意事项

了解来访者情绪调节策略的使用情况，除了参考心理测验结果外，还应根据症状表现的程度来进行判断，因此 ERQ 分数只能作为一项指标而非绝对标准。

学习单元 6

90 项症状自评量表

心理健康是健康不可分割的重要组成部分。熟悉与掌握心理健康量表的标准,以此为依据对照来访者的情况,进行心理健康的初步筛查,对于把握与维护来访者的健康状态有很大帮助。比如,当情绪疏导人员依照测验规范,发现来访者心理状况的某个或某些方面与心理健康量表的标准有一定距离,就可针对性地开展情绪疏导工作,以期使来访者达到健康的心理水平;如果发现来访者的心理状况严重偏离心理健康标准,可建议其及时就医,以便尽早诊断与治疗。

90 项症状自评量表又称 90 项症状清单、症状自评量表,是德若伽提斯在 1975 年编制的用于评定个体现在或最近一周精神症状状况的自评量表。它覆盖面广,反映内容丰富,对来访者能自觉的症状特点有较为准确的评估,且操作简单、效果较好,可作为各种神经症的评估工具,广泛应用于情绪疏导工作中,是世界上应用较广的自评量表之一。

SCL-90 的每一道题目都采用 5 级计分制,具体选项意义说明如下。

没有:自觉没有此项症状(问题)。

很轻:自觉有此项症状,但对来访者并无实质影响或影响较为轻微。

中度:自觉有此项症状,对来访者有一定影响。

偏重:自觉常有此项症状,对来访者有较大程度的影响。

严重:自觉该症状的频率和强度都十分严重,对来访者的影响巨大。

注意,这里说的"影响",既涉及症状所引起的痛苦和烦恼,也包括症状引发的社会功能受损。"轻""中""重"的具体程度由来访者自己去感受和判断,情绪疏导人员不必对此做硬性规定。

下面来看一个应用案例。

案例

张某,男,25岁。两个月前,经朋友介绍认识一位正在读研究生的女生,对方愿意和自己建立恋爱关系,但考虑到自己只有本科学历,有明显的自卑感,非常犹豫,不敢继续与其发展。张某很后悔当初不够努力,造成现在的被动局面,但又不知道该怎么办。最近一个月,整个人心烦意乱,内心很着急,晚上入睡变得困难。父母并不知道自己的内心感受,与其交流也说不到自己心里去,因此经常向他们发脾气。张某愿意接受情绪疏导,可是因为自卑,感觉不好意思,见到情绪疏导人员后,希望能帮助他走出困境。以下是基于SCL-90的心理测验结果。

因子项	躯体化	强迫症状	人际关系敏感	抑郁	焦虑	敌对	恐怖	偏执	精神病性	其他
分数/分	2.5	1.7	2.6	1.9	4.3	1.5	1.4	1.8	1.3	2.8

总分180分,阴性项目数35。

结合本例资料分析:张某总分为180分,超过160分的分界值;阴性项目数为35,需要转化为阳性项目数进行评判,由于SCL-90共计90个题目,阳性项目数为总项目数减去阴性项目数,即90-35=55,张某的阳性项目数为55,超过临界数43;在因子分中,躯体化、人际关系敏感、焦虑和其他这四项分别为2.5分、2.6分、4.3分和2.8分,皆大于2分。综合以上分析,来访者心理健康状况可考虑筛选阳性,需要进一步检查。

技能要求

90项症状自评量表(SCL-90)的操作

一、操作准备

了解SCL-90的适用范围:SCL-90是对来访者进行核查或来访者自查心理健康状况的一种评定工具,但不适用于躁狂症和精神分裂症的评定;该量表适用对象为16岁以上人群。

二、操作步骤

步骤1　施测

（1）在开始评定前，先由情绪疏导人员把填写方法和要求向来访者交代清楚，然后由其进行独立的、不受其他人影响的自我评定。应用铅笔填写，以便改正。

（2）对于教育水平偏低而理解不了SCL-90题目的来访者，可由情绪疏导人员逐题念出来，并以中立的、不带任何暗示和导向的方式把每道题目的意思告诉来访者。

（3）评定"现在"或"最近一个星期"的情况。

（4）评定没有时长规定，通常一次大约20分钟。

（5）评定结束时，由情绪疏导人员逐题检查，如果出现漏评或者评定的情况，应提醒来访者再考虑一下，以免影响计分的准确性。

步骤2　计分

SCL-90的统计指标主要有以下三类。

（1）总分和总均分。SCL-90共90道题目，覆盖了较为广泛的症状内容，涉及感觉、情感、思维、意识、行为、生活习惯、人际关系和饮食睡眠等。总分为90道题目各自得分相加之和，是来访者心理困扰水平最敏感的数量化指标，能反映问题的性质及严重程度。总均分是总分除以题目数，即总分/90，表示从总体情况看，来访者的自我感觉位于1~5级哪一个数值程度上。

（2）阳性和阴性项目数。阳性项目数，即得分≥2的项目数，它表示来访者在多少项目上呈现有"症状"的表现，该项目数越多，表示来访者的症状越丰富。阴性项目数，即得分=1的项目数，表示来访者"无症状"的项目有多少。

（3）因子分。因子分是指组成某一因子的各题目得分之和除以题目数，它反映来访者某一方面的症状，从中可以了解症状的分布情况。如果某项因子分高，则说明这一组症状较为严重，对判断某一问题可能有较大价值。SCL-90共计10项因子，即所有90道题目分为十大类，包括躯体化、强迫症状、人际关系敏感、抑郁、焦虑、敌对、恐怖、偏执、精神病性和其他。这些因子有各自对应的题目及含义，具体如下。

1）躯体化。该因子对应题目为第1、4、12、27、40、42、48、49、52、53、56、58题，共计12题。该因子主要反映来访者主观上的身体不适感，包括呼吸、胃肠道、心血管等系统的不适，以及头疼、肌肉酸痛等其他躯体疼痛表现。

2）强迫症状。该因子对应题目为第3、9、10、28、38、45、46、51、55、65题，共计10题。它与强迫症表现出来的症状大体相同，主要是指来访者明知没有必要但又无法靠自身努力摆脱的无意义想法、冲动、行为等表现。该因子还包括一些感知障碍，如记忆力不好、脑子"变空"了等。

3）人际关系敏感。该因子对应题目为第 6、21、34、36、37、41、61、69、73 题，共计 9 题。它主要是指来访者在与他人相处过程中的不自在感和自卑感，在与他人进行比较时表现会更加明显。经常感到自卑、沮丧以及在人际关系中明显不好相处的来访者，这一因子往往得分较高。

4）抑郁。该因子对应题目为第 5、14、15、20、22、26、29、30、31、32、54、71、79 题，共计 13 题。它与抑郁症状群具有广泛的联系。其中，抑郁、苦闷的情绪和心境是其代表性症状，并以缺乏活动意愿、生活兴趣减退、丧失行动力等为特征，也包括悲观、失望等与抑郁相关联的其他感知觉及身体方面的问题。值得注意的是，该因子中有几道题目涉及自杀、死亡等内容。

5）焦虑。该因子对应题目为第 2、17、23、33、39、57、72、78、80、86 题，共计 10 题。它包括一些与明显焦虑症状相联系的表现和体验，包括神经过敏、无法安静、紧张以及由此而产生的躯体表现，游离不定的焦虑以及惊恐发作是主要症状。

6）敌对。该因子对应题目为第 11、24、63、67、74、81 题，共计 6 题。该因子主要从思维、情感和行为三个方面来反映来访者的敌对状况，包括争论、厌烦、摔物、争斗和不可抑制的冲动爆发等症状。

7）恐怖。该因子对应题目为第 13、25、47、50、70、75、82 题，共计 7 题。它与传统的恐怖表现或广场恐怖所体现的症状大体一致，题目涉及空旷场地、交通工具、公共场合以及社交场合等引起的恐怖。

8）偏执。该因子对应题目为第 8、18、43、68、76、83 题，共计 6 题。该因子主要涉及思维方面，如投射性思维、关系妄想、猜疑、夸大、被动体验与敌对等。

9）精神病性。该因子对应题目为第 7、16、35、62、77、84、85、87、88、90 题，共计 10 题。它包括幻听、思维播散、被洞悉感、被控制感等精神分裂症状。

10）其他。未能归入上述因子的题目，包括第 19、44、59、60、64、66、89 题，共计 7 题，主要涉及来访者的睡眠及饮食情况。

一般而言，在情绪疏导工作中使用总分和因子分的情况较多。每一因子分反映来访者某一方面的情况及疏导前后的效果，因而可以以各个因子为横轴、以因子分为纵轴，做出因子轮廓图进行分析，该图直观反映来访者症状分布的特点及变化。

三、注意事项

1. 分数的意义

我国在二十世纪八十年代引入 SCL-90，研究者对全国 13 个地区的 1388 名正常成人的SCL-90测验结果进行了分析,以此为常模做群组鉴别,但未提出分界值。按照全国常模结果来看,总分超过160分,或阳性项目数超过43项,或任何一个因子分超过2分,均可以考虑筛选阳性,在此情况下,来访者需要做进一步检查。

2. 特别提醒

(1) SCL-90项目的全面性不够,缺少情绪高涨、思维飘忽等内容,故而在躁狂症或精神分裂症患者中的应用较为有限。

(2) 筛选阳性只能说明来访者可能存在心理不良的情况,并不代表其一定患有心理疾病,需要根据面谈情况和相应的判断标准综合判断来访者的心理问题。

… 学习单元 7

艾森克人格问卷

人格是每个人过去生活历程的反映，它作为区分人与人之间不同特征的要素之一。人格既可以是情绪疏导中来访者的问题所在，也可以是来访者的问题来源。面对具有先天生物学差异，又与社会文化环境影响有关的人格，情绪疏导人员应掌握相关问卷的使用方法。

艾森克人格问卷（EPQ）是艾森克在1975年编制的。该问卷以艾森克提出的人格三维度理论为基础，重点介绍了人格中的三个基本维度，包括内外向、神经质和精神质。每个人都或多或少具有这三个维度的特征，但是不同人之间的表现程度又有所不同。该问卷主要用于测量个体在这三个维度上的差异。

我国在引入EPQ后，研究者对其进行多次修订，已经获得可靠的效果。当前北方地区常用的是陈仲庚等人的修订本，南方地区常用的是龚耀先、刘协和等人的修订本。本教材主要介绍龚耀先主持修订的成人版本，该版本问卷由88个题目组成。值得说明的是，该问卷的题目较少，便于测验和填写，题目内容也比较适合我国情况，被认为是较好的人格测验之一。

下面来看一个应用案例。

> **案例**
>
> 郭某，女，24岁，未婚，本科学历，公司职员。郭某出生在知识分子家庭，家教严格，自幼懂事、听话，学习成绩良好。做人谨慎，性格内向，至今未谈恋爱。现在在一家建筑公司上班，经常有不安感，总担心有不好的事情发生。与人相处时容易把别人往坏处想，常常觉得这样比较安全，有备无患。无论在家里还是在公司，只要看到计算机就想玩游戏，赢了就觉得会有好事发生，输了就觉得接下来会倒霉，经常通宵达旦地玩，直到玩赢为止。自己也知道在公司玩游戏影响不好，但就是控制不住自己。走在大街上，也会不自觉地观察路过的汽车牌号，把牌号上的数字相加，如果是偶数就会觉得有好事发生，是奇数就会觉得有坏事发生。经常一个人待在家里不断反复地思考这些问题，自己也知道自己的命运和游戏、数字等没有关系，不应该相信这类东西，但总是控制不住。同时，害怕领导批评，恨自己耽误了许多时间，为此非常烦恼，情绪很低落，经常失眠。本人非常想改变这种现状，故主动前来寻求帮助。
>
> 对来访者进行艾森克人格问卷测验，T分结果如下：P40，E35，N65，L40。

结合本例资料分析：郭某的L（掩饰性）量表分数为40分，说明本次测验结果较为可信，P（精神质）量表的40分处在低分段，E（内外向）量表的35分代表典型内向，N（神经质）量表的65分处在高分段。其个性特征可能是为人温和、不粗暴、内向好静、喜欢自省，除了亲密的朋友外，对其他人较为缄默、冷淡，不喜欢刺激和冒险，偏好有秩序的生活方式。另外，可看出其经常焦虑不安、忧心忡忡、郁郁寡欢，遇到刺激有明显的情绪反应，甚至出现不够理智的行为。

技能要求

艾森克人格问卷（EPQ）的操作

一、操作准备

了解EPQ的适用范围：EPQ成人问卷适合测量16周岁以上人群的个性类型和特点，教育水平不同的来访者都可以使用；EPQ可以个体施测，也可以团体施测。

二、操作步骤

步骤1　施测

（1）发问卷后向来访者说明填写方法，之后由其自行逐题作答。

（2）EPQ的题目只要求来访者回答"是"或"不是"。每道题目都要作答，而且只能给出单一答案。

步骤2　计分

（1）分数的获得。EPQ共计88道题目，每道题目都规定了回答"是"或"不是"。如果规定回答"是"，则在实际回答"是"时计1分，实际回答"不是"时不计分。同理，如果规定回答"不是"，则在实际回答"不是"时计1分，实际回答"是"时不计分。

（2）分数的转换。EPQ包含四个分量表，即E（内外向）、N（神经质）、P（精神质）和L（掩饰性）。前三个分别代表艾森克人格结构的三个维度，L分量表是效度量表，代表一种稳定的人格功能，用于识别其回答问题的真实程度。根据来访者在各分量表上获得的粗分，按照年龄和性别常模在T分表上转换出T分，即得到标准分。通过标准分可以分析来访者的人格特征和气质类型。

（3）分数构成的剖析图。在我国，EPQ的汇总报告中会绘制两个剖析图，即EPQ剖析图（见图3-1）和E-N关系图（见图3-2）。由此直观地评估来访者个性上的内、外向性，精神质和情绪稳定性情况，以及气质类型。

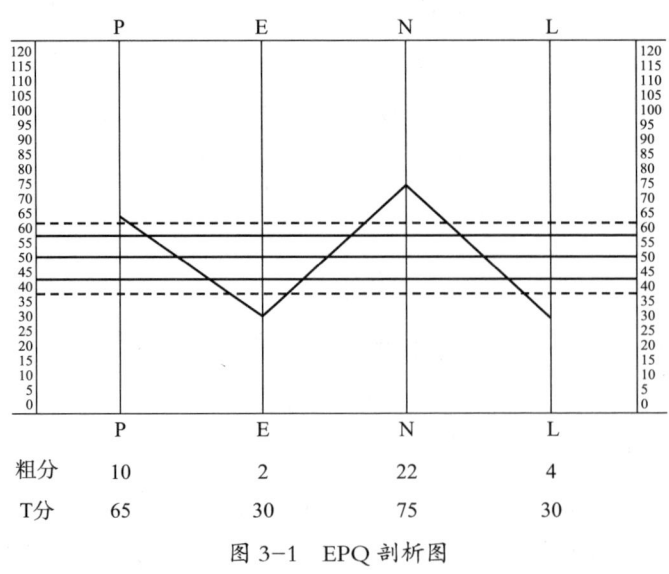

图3-1　EPQ剖析图

EPQ剖析图是在各分量表位置标明T分刻度，绘制区分中间（实线）和倾向（虚线）的划界线。当情绪疏导人员拿到来访者EPQ各分量表的粗分时，可在性别和年龄

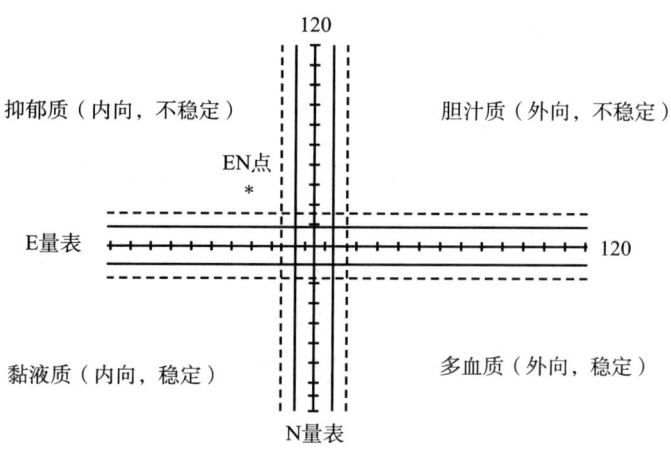

图 3-2 E-N 关系图

对应的 T 分表上查询对应的标准分,并在剖析图上找到各分量表的位置加以标记,再将各分量表的标记连接起来,这样就可以得到一个整体量表的剖析图。

为了说明各分量表之间的关系,可以将 E 量表和 N 量表的分数组合形成 E-N 关系图。也就是说,无论是内向还是外向的人,都有情绪稳定或不稳定的分类。可以将横轴设为 E 量表分数段,将纵轴设为 N 量表分数段,二者垂直相交,从而划分出四个象限,分别对应黏液质(内向,稳定)、抑郁质(内向,不稳定)、多血质(外向,稳定)、胆汁质(外向,不稳定)四种类型。同时,E-N 关系图中也画有中间(实线)和倾向(虚线)的划界线。如果知道来访者的 E 量表分和 N 量表分,从 E-N 关系图中可以找到两个分数的交叉点(即 EN 点),便能知道来访者的个性特点。

三、注意事项

1. 分数的意义

EPQ 用各分量表的 T 分进行解读,按分数范围划分成三种类型,即典型型、中间型和倾向型。其中,T 分在 38.5 分以下或 61.5 分以上为典型型,T 分在 43.3~56.7 分为中间型,T 分在 38.5~43.3 分或 56.7~61.5 分为倾向型。

如果以 E 量表(内外向)为例,T 分在 43.3~56.7 分为中间型,T 分在 38.5~43.3 分为倾向内向,T 分在 56.7~61.5 分为倾向外向,T 分在 38.5 分以下为典型内向,T 分在 61.5 分以上为典型外向。其他分量表参考上述内容。

2. 分数的解释

P、E、N、L 四个分量表的内容是艾森克多维个性理论的重要体现,分数的高低可以用来反映来访者不同的个性特点,具体解释如下。

P(精神质):并非精神病,它在每个人的身上都存在,只是程度上有差异。高分

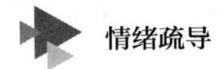 情绪疏导

者可能孤独、冷漠，适应外部环境困难，感觉迟钝，与他人不友好，喜欢挑衅滋事，爱做奇特的事情且不顾危险。低分者能较好地适应环境，为人温和、不粗暴且善解人意。

E（内外向）：高分者表明其人格外向活泼，可能好交际，喜欢刺激和冒险，情感容易冲动。低分者表明人格内向好静，喜欢自省，除了亲密朋友之外，对其他人较为缄默、冷淡，不喜欢刺激和冒险，偏好有秩序的生活方式，情绪比较稳定。

N（神经质）：代表正常行为，不是指神经症。高分者经常焦虑不安、忧心忡忡、郁郁寡欢，遇到刺激有明显的情绪反应，甚至出现不够理智的行为。低分者则情绪反应比较缓慢且轻微，非常容易恢复平静，通常性情温和、沉稳持重，擅长自我控制。

L（掩饰性）：代表来访者回答的掩饰性，或评定其社会性幼稚的程度。L量表与其他分量表的功能有联系，但它本身代表一种稳定的人格功能。从现实角度来讲，来访者L量表的分数适中才是比较健康的。高分者可能过分掩饰自己，有说谎的嫌疑，或是非常不愿意正视自己的不足，对自己十分苛刻或追求完美。低分者可能社会心理比较单纯、简单，也可能比较幼稚。

3. 特别提醒

（1）要求来访者必须回答每一道题，并且只能回答"是"或"不是"，不能有遗漏。

（2）问卷上方应印制填写说明，在施测时要让来访者能够理解。

思考题

1. 心理测量的功能是什么？
2. 心理测验的选用原则有哪些？
3. 焦虑自评量表的适用范围是什么？
4. 在情绪疏导工作中，测量情绪的常用量表有哪些？
5. 艾森克人格问卷有几个分量表，分别代表什么？

培训任务 4

情绪疏导关系建立技术

学习单元 1

尊重

知识要求

尊重是建立良好情绪疏导关系的条件之一。情绪疏导人员应掌握尊重的内涵、作用和尊重技术的使用要求。

一、尊重的内涵和作用

1. 尊重的内涵

尊重体现为情绪疏导人员接纳来访者的现状、价值观、尊严、人格,把来访者看作有思想感情、内心体验、生活追求和独特性与自主性的个体。

2. 尊重的作用

(1)尊重是建立良好情绪疏导关系的基础。尊重能够激发来访者的主动参与意识,打消来访者的顾虑。人本主义学派心理学家罗杰斯非常重视尊重的重要性,他提出对来访者要"无条件尊重",认为这是使来访者积极改变的关键因素之一。

(2)尊重可以让来访者体验到安全、温暖的感觉,使其愿意自由探讨自己的内心世界。

(3)尊重可以激发来访者的自尊心和自信心,开发来访者的潜能,使其产生积极改变的动力。

（4）尊重可以使来访者对情绪疏导人员产生信任感，强化来访动机，端正合作态度，增强情绪疏导的主动性、自觉性。

（5）尊重可以满足来访者被尊重、被理解、被接纳的需求，从而获得自我认同感和自我价值感。

二、尊重技术的使用要求

1. 无条件接纳的态度

情绪疏导人员应坚持无条件接纳的态度，允许来访者以自然的方式自由表达自己。

2. 支持性的非言语行为

情绪疏导人员应使用恰当的支持性非言语行为来表达尊重。情绪疏导人员应平等地对待来访者，当与来访者交流时，不出现批评、诊断和惩罚的行为。

3. 礼貌对待来访者

情绪疏导人员要用眼睛注视着来访者，进行视线上的接触，面部表情、语调和语言等应恰当，即通过身体、语言等表达对来访者的尊重。

4. 关注聆听以及回应

情绪疏导人员全神贯注，专心地全面聆听，把注意力放在来访者的一言一行上。

三、注意事项

1. 保护来访者的隐私。
2. 把来访者作为一个值得坦诚相待的人来对待，并且持有非评价性的态度。
3. 尊重不等于观点一致。

学习单元 2

真诚

知识要求

真诚是建立良好情绪疏导关系的条件之一。情绪疏导人员应掌握真诚的内涵、作用和真诚技术的使用要求。

一、真诚的内涵和作用

1. 真诚的内涵

真诚体现在情绪疏导过程中,即情绪疏导人员自然地和来访者相处,不伪装、不把自己藏在专业角色里,言行一致、表里一致,开放、自由地投入情绪疏导关系中。

2. 真诚的作用

(1)真诚可以给来访者提供安全自由的情景,让来访者体会到自己被接纳和信任,从而不受束缚地表达心声。

(2)真诚可以给来访者提供一个良好的示范作用。

(3)真诚可以缩短情绪疏导人员与来访者之间的距离,帮助来访者认同情绪疏导人员。

二、真诚技术的使用要求

1. 支持性的非言语行为

情绪疏导人员通过目光接触、微笑以及朝向来访者前倾而坐等非言语行为表达真诚。

2. 恰当的角色行为

情绪疏导人员自然地表达真实的自己,不摆架子,不故作姿态,不自以为是、不懂装懂。

3. 表里一致

情绪疏导人员的语言表达、行动和他的情绪体验应保持一致。如果来访者说的话使情绪疏导人员感到不舒服,情绪疏导人员应直接表达自己目前不舒服的感受,不要试图掩饰自己的不舒服。

4. 自发性

情绪疏导人员和来访者的交流应是自然的,情绪疏导人员能够对来访者的要求和陈述立即做出反应。

三、注意事项

1. 非言语行为谨慎得体,目光接触要恰当,直接而间歇的目光接触比持续地盯着来访者更能表现出真诚,但持续地微笑或坐姿过分前倾会被看作虚伪做作,而不是真切诚恳。

2. 情绪疏导人员不应过分强调自己的角色、权威或地位。

3. 情绪疏导人员应避免过长的表面化自我表达。

4. 真诚要求情绪疏导人员所讲的全部是真实情况,但并不等于什么都可以随意说出来,情绪疏导人员所表达的真诚应具有情绪疏导功能,有助于来访者成长。

学习单元 3

共情

知识要求

共情是建立良好情绪疏导关系的条件之一。情绪疏导人员应掌握共情的内涵、作用和共情技术的使用要求。

一、共情的内涵和作用

1. 共情的内涵

共情体现为情绪疏导人员从来访者的视角,而不是根据自己的评判标准看待问题、理解来访者,把握来访者的内心感受。也就是说,情绪疏导人员要深入了解来访者的主观世界,真实地感受到来访者的感受,做出"我理解你都经历了什么"的反应,能够从来访者的角度感知世界。共情意味着彼此独立的两个人相互理解。

2. 共情的作用

(1)帮助情绪疏导人员走进来访者的内心深处,使其能够准确地理解来访者。

(2)使来访者感受到被理解、被接纳,有利于建立良好的关系。

(3)能够让来访者感受到情绪疏导人员对他的真切关怀,可以使来访者对情绪疏导人员产生信任感,提升安全感。

（4）可以帮助来访者探索自身问题、认识自己，强化其能动性并产生改变。

二、共情技术的使用要求

1. 情绪疏导人员应站在来访者的角度去理解来访者的内心世界及感受。

2. 情绪疏导人员在倾听来访者时应设身处地为其着想，同时也能适时地回到自己的世界，借助自身的知识经验理解来访者。

3. 情绪疏导人员应用恰当、准确的言语和非言语行为表达对来访者内心体验的理解。

4. 尽量少用下定义或概括的说法，尝试说一些鼓励来访者表达更多想法的话。例如："我觉得……""这看起来有点儿像……""就我理解，你似乎……""看起来好像……""如果我听的没错，你……""我注意到……""我猜想，那种感觉……""你是说……吗？"

5. 将来访者隐藏的、没有直接表达出来的意思表达出来，并与来访者沟通和探讨。

三、注意事项

1. 共情应在建立良好情绪疏导关系的基础上进行。

2. 共情技术要在非情感性反应得到来访者认可后再使用。

3. 当无法确定是否需要共情时，可使用推测式、试探式语言进行沟通，根据来访者的反馈进行调整。

4. 共情不同于同情：共情意味着情绪疏导人员和来访者地位是平等的，同时，彼此不一定互相认同；同情意味着双方处于不同的位置，并包含怜悯的意思。

情景演示

共情技术的应用

来访者：我和男朋友交往两年多了，我们俩感情很好，可是他的父母不满意我，反对我们在一起。

情绪疏导人员：男友的父母反对你们交往，这让你觉得很苦恼。

学习单元 4

积极倾听

知识要求

积极倾听是建立良好情绪疏导关系的条件之一。情绪疏导人员应掌握积极倾听的内涵、作用和倾听技术的使用要求。

一、积极倾听的内涵和作用

1. 积极倾听的内涵

积极倾听体现为情绪疏导人员专注地听来访者陈述,认真仔细地观察来访者情绪和行为的变化,并适时地给予回应,以表达对来访者的关注和理解。

2. 积极倾听的作用

(1)积极倾听使来访者感觉被关注和尊重,有利于建立良好的情绪疏导关系。

(2)积极倾听有助于情绪疏导人员完整地接收并加工信息,减少错误信息的加工,避免情绪疏导人员过早地提出干预措施或提出错误的干预措施。

(3)积极倾听有助于来访者发现自己的问题,以便其更好地面对问题、解决问题。

二、积极倾听技术的使用要求

1. 情绪疏导人员通过自己的非言语行为表达对来访者的关注。包括恰当的目光接触、放松的身体语言、柔和坚定的语音以及准确的言语反馈。

2. 情绪疏导人员确认来访者的言语信息和非言语信息，了解来访者问题产生的原因、所持有的态度和情绪。

3. 通过澄清回应、内容反应、情感反应、沉默等技术进行适当的反应。

三、注意事项

1. 情绪疏导人员应不急于下结论，具体请看以下情景演示。该情绪疏导人员急于打断来访者的表达，急于做评价，会为情绪疏导关系带来负面影响。

情景演示

积极倾听技术的应用

来访者： 我们宿舍的小美是一个虚伪的人，她表面上喜欢我，骗取我对她的信任和好感，可实际上她是因为知道我和小刚关系很好，想利用我取得小刚对她的好感。

情绪疏导人员（打断来访者说话）： 你用"骗取"这个词说你舍友可能不太恰当吧？

2. 情绪疏导人员应无条件接纳来访者。
3. 情绪疏导人员不应进行道德评价。
4. 情绪疏导人员应适当地使用澄清回应、内容反应、情感反应、沉默等技术，以达到更好的情绪疏导效果。

思考题

1. 如何让来访者感受到被尊重？
2. 情绪疏导人员如何做到真诚？
3. 情绪疏导人员如何做到共情？
4. 情绪疏导人员如何做到积极倾听？
5. 建立良好的情绪疏导关系的意义是什么？

培训任务 5

情绪疏导方案的制定

学习单元 1

商定情绪疏导目标

知识要求

一、情绪疏导目标的内涵和意义

1. 情绪疏导目标的内涵

情绪疏导目标是情绪疏导人员和来访者双方共同努力实现的,是有助于来访者自我成长的目标,是通过情绪疏导所要取得的结果和要达到的目的。

2. 情绪疏导目标的意义

(1)为情绪疏导提供方向,引导情绪疏导过程。情绪疏导目标为情绪疏导人员和来访者指明了努力的方向,情绪疏导应始终围绕其展开。

(2)有助于情绪疏导人员和来访者积极合作。情绪疏导目标的确立,能够使来访者产生希望、增强信心,从而产生积极参与的动力,并与情绪疏导人员积极合作,共同解决问题。

(3)为情绪疏导人员使用各种情绪疏导策略和干预方法提供参照依据。情绪疏导目标可以为情绪疏导人员提供基本的参照依据,以便他们选择和使用相应的情绪疏导策略和干预方法。

（4）有利于对情绪疏导的进展和效果进行评估。情绪疏导目标可以用来检验情绪疏导效果，情绪疏导人员可以根据目标调控进展情况，评估情绪疏导的效果。

二、情绪疏导目标的制定原则

1. 由情绪疏导人员和来访者双方共同商定情绪疏导目标，双方应都能接受。
2. 情绪疏导目标属于心理学范畴，应围绕来访者的情绪疏导进程和情绪转化来确定。
3. 情绪疏导目标应是实际可行的，应根据来访者本身的潜力、水平及其所处周围环境的限制来确定。
4. 情绪疏导目标应是积极的，应有利于来访者成长。
5. 情绪疏导目标应是具体的、可以评估的。

技能要求

商定情绪疏导目标

一、操作步骤

步骤1　确定来访者求助问题的类型及其严重程度

（1）情绪疏导人员全面收集来访者的个人资料，列出全部问题。
（2）评估来访者的个人资料。
（3）判断来访者求助问题的类型，评估其严重程度。

步骤2　与来访者商定情绪疏导目标

（1）情绪疏导人员和来访者充分沟通，就来访者的求助问题与其达成一致。
（2）情绪疏导人员鼓励、引导来访者提出自己的要求及希望达到的目标，同时，情绪疏导人员也坦诚地表达对目标的看法。
（3）情绪疏导人员与来访者就目标达成一致。

二、注意事项

情绪疏导目标是由情绪疏导人员和来访者双方共同协商制定的，而不是由任何一方单方面提出的。

学习单元 2

商定情绪疏导方案

知识要求

情绪疏导工作的开展需要根据情绪疏导方案来进行，情绪疏导人员应掌握情绪疏导方案的内涵、内容和商定步骤。

一、情绪疏导方案的内涵

情绪疏导方案是情绪疏导的计划和安排，该方案由情绪疏导人员和来访者共同商定。确定情绪疏导方案后，情绪疏导人员和来访者双方能够明确情绪疏导的方向和目标，并按照既定方案开展疏导工作，最终评估疏导工作成效。

二、情绪疏导方案的内容

情绪疏导方案主要包括以下几方面的内容。

1. 情绪疏导目标

情绪疏导人员和来访者双方商定情绪疏导目标。

2. 情绪疏导方法和技术

情绪疏导人员可以先向来访者介绍情绪疏导可以采用的方法和技术，在双方协商的基础上确定具体采用的情绪疏导方法和技术。

3. 情绪疏导的效果及其评估方法

情绪疏导人员和来访者双方根据商定的情绪疏导目标，采用双方认可的评估方法进行效果评估。

4. 双方各自的责任、权利和义务

（1）情绪疏导人员

1）情绪疏导人员的责任：有责任遵守法律法规和专业伦理道德规范，有责任为来访者提供相关信息但不替对方做决定，有责任告知来访者其权利和责任。

2）情绪疏导人员的权利：有权利了解来访者与求助问题相关的个人资料，有权利选择合适的来访者，有权利提出转介或终止情绪疏导工作。

3）情绪疏导人员的义务：有义务告知来访者自己的专业成长经历和受训背景，有义务尊重来访者的个人权益，有义务遵守和执行商定好的情绪疏导方案中的各项内容（包括遵守预约时间等）。

（2）来访者

1）来访者的责任：有责任向情绪疏导人员提供与求助问题有关的真实资料，有责任积极主动地同情绪疏导人员商定情绪疏导的目标和方法，有责任完成双方商定的家庭作业。

2）来访者的权利：有权利了解情绪疏导人员的受训背景和执业资格，有权利了解情绪疏导的方法和技术，有权利选择或更换情绪疏导人员，有权利提出转介或终止情绪疏导工作，有权利了解情绪疏导方案的内容。

3）来访者的义务：有义务遵守情绪疏导的相关规定，有义务遵守和执行商定好的情绪疏导方案中的各项内容（包括遵守预约时间、及时付费等）。

5. 情绪疏导次数和时间安排

情绪疏导人员和来访者共同商定情绪疏导的次数和时间安排。一般而言，每次情绪疏导时间为50分钟左右。

6. 情绪疏导相关费用

情绪疏导人员有必要在一开始就告知来访者收费标准，并严格按照规定的收费标

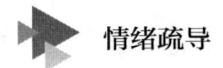
情绪疏导

准执行。

7. 其他问题及有关说明

对于在情绪疏导过程中可能遇到的特殊情况,情绪疏导人员应进行详细说明。在情绪疏导方案商定之后,双方可以根据情绪疏导开展的情况灵活处理具体问题。

技能要求

商定情绪疏导方案

一、操作步骤

步骤1 情绪疏导人员告知来访者情绪疏导方案的主要内容。
步骤2 情绪疏导人员和来访者就情绪疏导方案的主要内容进行商定。
步骤3 形成情绪疏导方案。

二、注意事项

情绪疏导方案不是一成不变的,可以根据情绪疏导的需要,在双方协商的基础上进行动态调整。

思考题

1. 情绪疏导目标的制定原则是什么?
2. 商定情绪疏导目标的步骤是什么?
3. 情绪疏导人员的责任、权利和义务是什么?
4. 来访者的责任、权利和义务是什么?
5. 商定情绪疏导方案的步骤是什么?

培训任务 6

情绪疏导操作方法

学习单元 1

放松训练

知识要求

放松训练又称松弛训练,是一种自我调整的方法,也是一种自我控制的有效手段。放松训练是通过有意识地控制来访者的心理生理活动,降低唤醒水平,改善机体功能紊乱的情绪疏导方法。当个体感受到紧张、焦虑、不安、愤怒的情绪时,可以通过放松训练缓解和稳定情绪。这种方法简便易行,不受时间、地点、经费等条件的限制。

一、放松训练的原理

放松训练是行为疗法的常用技术之一,是在心理学实验的基础上建立和发展起来的方法。行为疗法不像精神分析疗法那样去关注无意识,也不像认知疗法那样去关注观念或态度,而是将着眼点放在可观察的外在行为改变上。行为疗法试图从行为入手,通过改变行为,促使来访者的情绪或认知发生改变。放松训练通过降低交感神经系统的活动水平和骨骼肌的紧张程度,来缓解焦虑与紧张的主观状态。在进行放松训练后,个体的神经系统、内分泌系统和自主神经系统功能会得到调节,身心健康会得到促进。

一个人的情绪反应包含主观体验、生理反应、表情三部分。在生理反应中,受自主神经系统控制的内脏和内分泌系统的反应是难以操纵的,但受随意神经系统控制的随意肌肉反应,则可由人们的意念来操纵。当一个人绷紧肌肉时,其精神也会变得紧张。当一个人的身体肌肉足够放松时，主观上的焦虑和紧张情绪也会随之缓解。也就是说，人可通过意识先控制随意肌肉，再间接地使主观体验松弛下来，舒缓紧张情绪，最终达到心理放松的状态。放松训练就是训练来访者有意识地控制自己全身的随意肌肉，使其放松，以缓解紧张、焦虑情绪。

二、放松训练的实施过程

1. 准备工作

为了保证放松训练的顺利进行，情绪疏导人员需要先确认环境是否适宜。一般要求房间安静整洁、陈设简单、光线柔和、没有其他干扰。

另外，首次训练时应由情绪疏导人员向来访者简要介绍放松训练的原理、实施过程及可能遇到的问题，在征得来访者同意的前提下才能开始放松训练。

2. 情绪疏导人员进行示范

情绪疏导人员在指导来访者进行放松训练时，需要自己先做示范，同时讲解训练要点及注意事项。

3. 开始进行放松训练

由情绪疏导人员讲述指导语，来访者以一个比较舒服的姿势靠着或躺着，根据指导语进行练习。情绪疏导人员需要采用低沉的语调、轻柔的语音、缓慢的语速，清晰、准确地说出指导语。放松成功的标志是来访者面无表情、呼吸变慢、肌肉处于松弛状态，若来访者躺着，则出现足外展的现象。

4. 来访者自行练习

在来访者根据情绪疏导人员的指导学会放松训练的方法并掌握要点后，需要自行重复练习，方能熟练掌握。情绪疏导人员可以为来访者提供书面指导语或视频、音频，供来访者在日常生活中进行练习。一般要求来访者每日练习 1~2 次，每次 5~10 分钟。情绪疏导人员需要提醒来访者，训练要持之以恒，可能前几次的放松训练并不能使随意肌肉很快进入深度放松状态，但坚持练习，慢慢会有效果。

三、放松训练的注意事项

1. 进行放松训练前要做好准备工作。

2. 如果来访者是第一次进行放松训练,情绪疏导人员需要为其做示范。

3. 在放松训练过程中,来访者自行调整到一个舒服的姿势(靠着或躺着),注意取下身上穿戴的有束缚感的物品如手表、皮带等,使身心感到轻松。

4. 情绪疏导人员在讲述指导语时,吐字应清晰,切勿语速过快或音调过高,发出的指令要和来访者的呼吸协调一致。

5. 放松训练有多种方法,可以单独使用任意一种,也可以混合使用多种。常用的放松训练方法有呼吸放松训练法、肌肉放松训练法和想象放松训练法。

6. 在放松训练中不用刻意地控制身心,不需要用意志努力,应顺其自然。

7. 在放松训练过程中,情绪疏导人员需要引导来访者充分体验放松后的感觉。

8. 应使来访者领悟,放松训练需要坚持,放松的目的是能在日常生活中随时做到随意地放松,并运用自如。

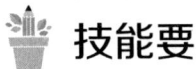 技能要求

呼吸放松训练

一、操作准备

1. 环境和姿态准备

情绪疏导人员选择一个环境安静整洁、陈设简单、光线柔和、没有其他干扰的房间,可播放轻松、缓慢、柔和的轻音乐。首先,让来访者检查一下有没有让自己感觉束缚的随身物品,若有则需要取下,保持身体自然放松。然后,让来访者通过一些细微的姿势调整,选择一种舒适的姿态,让自己尽可能感到舒服、无拘无束。通过以上调节,最终让自己处于一种最舒服的姿态。

2. 介绍呼吸放松训练的原理

缓慢的腹式呼吸可以调节人的自主神经,进一步调节紧张、焦虑的唤起机制,从而让头脑和身体感到放松,使肺部有充足的时间做气体交换,有时吸入的氧气量可达到未训练时正常情况下的两三倍,使身体获得更多的氧气。

二、操作步骤

步骤1 情绪疏导人员进行示范

情绪疏导人员可参考以下表述内容:"我们现在一起来学习如何通过呼吸的方式让自己放松,请您和我一起先做一遍。请您轻轻地闭上双眼,一只手放在腹部,另一只手放在胸部,注意先呼气,感觉肺部有足够的空间,然后用鼻子吸气,保持3秒,心

里可默数'1、2、3',停顿1秒,再缓缓地呼气,同时在心里默数'1、2、3、4、5'。吸气时让空气进入腹部,感觉那只放在腹部的手向上推,而胸部只是在腹部隆起时跟着微微地隆起,要使您呼气的时间比吸气的时间长。"

做示范时要注意以下几点:一是要用鼻子吸气、用嘴巴呼气;二是呼气的时间长于吸气的时间;三是想象吸气时吸入新鲜的空气,呼气时呼出身体的"浊"气;四是保持放松,不刻意勉强,体验均匀而缓慢的深呼吸带给自己的感受。

步骤2 与来访者共同进行放松训练

情绪疏导人员可参考以下表述内容。

"好!让我们先来进行一组练习,请跟随我的指导语去做。深吸气,1、2、3(数数),再呼气,1、2、3、4、5(数数)。深吸气,1、2、3(数数),再呼气,1、2、3、4、5(数数)。再来!深吸气,1、2、3(数数),再呼气,1、2、3、4、5(数数)。深吸气,1、2、3(数数),再呼气,1、2、3、4、5(数数)。"

"当您感觉这样的呼吸节奏很舒服的时候,可以进一步进行平稳的呼吸,要尽量做到深而大的呼吸,记得要用鼻子深吸气,直到不能再吸为止。保持1秒后,再缓缓地用嘴巴呼气,呼气的时候一定要把残留在肺里的气呼干净,同时头脑中可以想象,您所有的不快、烦恼、压力都随着每一次呼气慢慢地离开了。"

"好!我们再来练习,深吸气,保持1秒,1、2、3(数数),再呼气,1、2、3、4、5(数数)。深吸气,1、2、3(数数),再呼气,1、2、3、4、5(数数)。想象不快、烦恼、压力都随着每一次的呼气离开了。好!继续练习,您可以感觉到身体完全放松了。让我们最后再进行一组练习,准备好,深吸气,1、2、3(数数),再呼气,1、2、3、4、5(数数)。深吸气,1、2、3(数数),再呼气,1、2、3、4、5(数数)。继续想象不快、烦恼、压力都随着每一次的呼气慢慢地离开了。现在您的身体越来越放松,您的心情很平静,好好体验这种身体放松之后心情平静的感觉。"

步骤3 要求来访者自行练习

情绪疏导人员可参考以下表述内容:"现在您已经学会了呼吸放松训练的方法,我会提供给您一份指导材料,请在日常生活中进行练习。建议每日练习1~2次,每次5~10分钟。呼吸放松训练需要持之以恒,可能开始的几次练习并不能使您很快进入深度放松状态,多次重复练习才会有效果。"

 情绪疏导

肌肉放松训练

一、操作准备

1. 环境和姿态准备

情绪疏导人员选择一个环境安静整洁、陈设简单、光线柔和、没有其他干扰的房间，可播放轻松、缓慢、柔和的轻音乐。首先，让来访者检查一下有没有让自己感觉束缚的随身物品，若有则需要取下，保持身体自然放松。然后，让来访者通过一些细微的姿势调整，选择一种舒适的姿态，让自己尽可能感到舒服、无拘无束。通过以上调节，最终让自己处于一种最舒服的姿态。

2. 介绍肌肉放松训练的原理

肌肉放松可以调节人的自主神经，进一步调节紧张、焦虑的唤起机制，从而达到放松身心的效果。在肌肉放松训练中，肌肉紧张和松弛是交替进行的，因为没有肌肉紧张就很难真正体验到松弛感，而紧张后的放松会让人更充分地享受放松。

二、操作步骤

步骤1 情绪疏导人员进行示范

情绪疏导人员可参考以下表述内容："肌肉放松是经过多次的紧张和松弛交互练习，使身体充分放松，其过程是集中注意力、肌肉紧张、保持紧张、解除紧张、肌肉松弛。训练时，将按全身、手臂、脚、腿、头部的顺序进行肌肉的放松。这个放松训练方法可以帮助您完全地放松身体。当您收紧肌肉时，如果感到紧张，需要再持续收紧5秒，直到感觉紧张达到极限，方可完全松弛下来，这样才能让相关部位的肌肉彻底放松，请用心体验放松后的快乐感。"（讲述时应使用平稳、镇定、低沉的声调。）

步骤2 与来访者共同进行放松训练

情绪疏导人员可参考以下表述内容："我现在来教您怎样使自己放松。为了做到这一点，应先绷紧肌肉然后使其松弛。绷紧及松弛的目的是使您体验到放松的感觉，进而学会如何保持放松的感觉。下面请跟着我的指令做。"

（1）通过呼吸放松全身肌肉

"深吸一口气，保持一会儿。"（等待5秒）

"好，请慢慢地把气呼出来。"（等待10秒）

"现在我们再做一次。请您深吸一口气，保持一会儿。"（等待5秒）

"好，请慢慢地把气呼出来。"（等待10秒）

"好，最后一次深呼吸。请您深吸一口气，保持一会儿。"（等待5秒）

"好，请慢慢地把气呼出来。"（等待10秒）

（2）放松前臂

"现在，请伸出您的前臂，用力握紧拳头，体验双手肌肉紧张的感觉。"（等待10秒）

"好，请放松，尽量松弛双手，体验放松后的感觉。您可能会感到轻松、温暖，这些都是放松的感觉，请您体验这种感觉。"（等待15秒）

"我们现在再做一组练习。"（同上）

（3）放松双臂

"现在弯曲您的双臂，用力绷紧双臂的肌肉，保持一会儿，体验双臂肌肉紧张的感觉。"（等待10秒）

"好，现在放松，彻底松弛您的双臂，体验放松后的感觉。"（等待15秒）

"我们现在再做一组练习。"（同上）

（4）放松双脚

"现在，开始练习如何放松双脚。"（等待5秒）

"好，绷紧您的双脚，脚趾用力抓地面，保持一会儿。"（等待10秒）

"好，放松，彻底放松您的双脚。"（等待15秒）

"我们现在再做一组练习。"（同上）

（5）放松小腿

"现在开始放松小腿的肌肉。"（等待5秒）

"请将脚尖用力向上翘，脚跟向下、向后紧压，绷紧小腿的肌肉，保持一会儿。"（等待10秒）

"好，放松，彻底放松。"（等待15秒）

"我们现在再做一组练习。"（同上）

（6）放松大腿

"现在开始放松大腿的肌肉。"

"请用双脚向前、向下紧压，绷紧大腿的肌肉，保持一会儿。"（等待10秒）

"好，放松，彻底放松。"（等待15秒）

"我们现在再做一组练习。"（同上）

（7）放松头部

"现在开始将注意力集中到头部肌肉。"

"请皱紧额头的肌肉，再皱紧，保持一会儿。"（等待10秒）

"好，放松，彻底放松。"（等待15秒）

"现在，请紧闭双眼，用力紧闭，保持一会儿。"（等待10秒）

"好，放松，彻底放松。"（等待15秒）

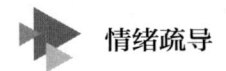

"现在，请转动您的眼球，从上转到左、转到下、转到右，加快转动速度；好，现在从相反方向转动您的眼球，加快转动速度；好，停下来，放松，彻底放松。"（等待10秒）

"现在，请咬紧您的牙齿，用力咬紧，保持一会儿。"（等待10秒）

"好，放松，彻底放松。"（等待15秒）

"现在，请用舌头使劲顶住上颚，保持一会儿。"（等待10秒）

"好，放松，彻底放松。"（等待15秒）

"现在，请用力将头向后仰，再用力，保持一会儿。"（等待10秒）

"好，放松，彻底放松。"（等待15秒）

"现在，请收紧下巴，向颈部收紧，保持一会儿。"（等待10秒）

"好，放松，彻底放松。"（等待5秒）

"我们现在再做一组练习。"（同上）

步骤3 要求来访者自行练习

情绪疏导人员可参考以下表述内容："现在您已经学会了肌肉放松训练方法，您可以按照上述步骤，在日常生活中进行练习。建议每日练习1~2次，每次5~10分钟。肌肉放松训练需要持之以恒，可能开始的几次练习并不能使您很快进入深度放松状态，多次重复练习才会有效果。"

想象放松训练

一、操作准备

1.环境和姿态准备

情绪疏导人员选择一个环境安静整洁、陈设简单、光线柔和、没有其他干扰的房间，可播放轻松、缓慢、柔和的轻音乐。首先，让来访者检查一下有没有让自己感觉束缚的随身物品，若有则需要取下，保持身体自然放松。然后，让来访者通过一些细微的姿势调整，选择一种舒适的姿态，让自己尽可能感到舒服、无拘无束。通过以上调节，让自己最终处于一种最舒服的姿态。

2.介绍想象放松训练的原理

想象放松主要通过唤起宁静、轻松、舒适情景的想象和体验，来缓解紧张、焦虑情绪，控制唤醒水平，引发注意力集中的状态，增强内心的愉悦感和自信心。

成功进行想象放松训练的关键点如下：一是头脑里要有一种与感到放松密切相联系的、清晰的情景；二是要有较强的想象能力，想象能促进对该情景的内心体验并进入放松状态。

二、操作步骤

步骤1 情绪疏导人员进行示范

情绪疏导人员可参考以下表述内容:"我们现在一起来学习如何通过想象的方式让自己放松,请您和我一起先做一遍。现在,请您调整到一个舒服的坐姿,轻轻地闭上双眼,调整呼吸,让呼吸均匀顺畅、饱满细长。渐渐地,您的身体越来越放松;渐渐地,您的心情越来越喜悦。想象我们走进一片森林,漫步在林间小道上,柔和的光线从树枝的空隙处照射进来,洒落在如绿毯般的草地上,一阵微风轻轻地拂过我们的脸庞。我们的思绪也跟着微风飞啊飞,飞向那未知的远方。"(注意,此段为示例,实际进行情绪疏导时,指导语适宜即可。讲述指导语的主要目的是确认来访者是否有良好的想象力,能否进入想象的情景之中。)

步骤2 与来访者共同进行放松训练

情绪疏导人员可参考以下表述内容。

"准备好了吗?好,现在深深地吸气,慢慢地呼气。再来一遍,深深地吸气,慢慢地呼气。再来一遍,深深地吸气,慢慢地呼气……您做得非常好!现在请想象,春天来了,大自然充满了鸟语花香,景色甚美,您静静地靠在沙发上,心情舒适而愉快地享受春天带给您的欢乐。一束温暖的阳光暖暖地照在您的头顶,您觉得头部放松了,特别安逸、舒服,有一股暖流从整个头部慢慢地向下流向额头,您紧锁的眉头舒展开了,请仔细体会一下眉头舒展之后的放松感觉,您觉得好舒服好轻松,您觉得额头凉丝丝的,脸上的每一块肌肉都特别放松,您觉得舒服极了。"

"这股暖流从整个头部流向颈部,您觉得颈部放松了,颈椎放松了,血液流动非常顺畅,这股暖流慢慢地流向您的双肩,您的双肩放松了,双肩的每一块肌肉都得到放松,血液很流畅,双肩暖暖的,非常舒服。这种温暖的感觉流向您的大臂,您的大臂放松了;又慢慢地流向您的小臂,您的小臂也放松了;然后顺着您的手心慢慢地流向您的手指尖,您的手心暖暖的,请体验一下手心温暖的感觉。您再重新体验一下这股暖流从头部慢慢地向下流向您的双眉、额头,您脸部的每一块肌肉都得到了放松,暖流顺着您的颈部、双肩一直流向您的手指尖,所有的疲惫都从您的手指尖流走了。"

"这股暖流继续流向您的前胸、后背,整个前胸、后背的肌肉都特别放松,您胃里不舒服的感觉在慢慢地消失,您的感觉好极了,腰部非常舒服、非常放松。整个髋关节都非常放松,臀部的每一块肌肉都得到彻底的放松。这股暖流从您的头部慢慢地向下流向您的额头、双眉,您脸部的每一块肌肉都特别舒展,您的颈部、前胸、后背、腰部都特别舒服,整个身体感觉非常放松,请您体会一下这种放松后舒服、愉快的

感觉。请您把注意力转移到您的前额，您的前额非常放松，您试试看，体验一下这种舒服、愉快的感觉。您紧锁的双眉舒展开了，您的前额凉丝丝的，头脑空空的，您大脑中的每一个神经细胞都得到了最好的休息，您的精神状态非常放松，您身心舒畅。现在请您把注意力集中到大腿上，这股暖流慢慢地流向您的大腿，您大腿的每一块肌肉都非常放松，您的膝关节也放松了。这股暖流顺着您的膝关节慢慢地流向您的小腿，您的小腿放松了，踝关节放松了，脚后跟、脚掌非常放松，请体验一下脚掌舒适、放松的感觉。慢慢地，这股暖流流向您的脚趾尖，您的脚趾尖非常放松。"

"现在从头到脚再来一遍，您的头部放松了，您紧锁的眉头舒展开了，您的颈部放松了，您的双肩放松了，您的手臂放松了，一股暖流顺着您的手臂流向您的手心、手指尖，所有的疲惫、烦恼都从您的手指尖流走了。当这种烦恼和疲惫都消失了的时候，您有一种无拘无束的感觉，这种感觉好极了。您的躯干放松了，尤其是您的颈部、双肩、腰部都非常放松，您体验到一种从未有过的放松感觉。您的髋关节放松了，您的臀部放松了，您身上所有的肌肉都非常放松，请您慢慢地体验，好舒服，好轻松！现在您觉得浑身轻松、心情舒畅，就像躺在湖面上随风飘荡的小船上一样，暖风徐徐吹过您的整个身躯，还有一丝淡淡的水草清香，您闭上眼睛，深深地陶醉在这片水波荡漾的美丽风景中，您觉得心胸特别宽广，心情特别愉快，全身的肌肉非常放松。好，现在请您慢慢体验一下这种放松后愉悦的感觉。"

"现在请您继续体会放松之后舒服的感觉，此时您有一种温暖、愉快、舒适的感觉，请将这些感觉保持1~2分钟。然后我从1数到5，当我数到5时，您睁开双眼，您会觉得浑身都充满了力量，心情特别愉快，头脑清醒，思维敏捷，反应灵活，眼睛也非常有神（停1分钟）。好，我开始数数。1，您感到平静；2，您感到非常舒适平静；3，您感到温暖愉快；4，您感到精神焕发；5，请轻轻地睁开双眼。"

（注意，以上部分为示例，实际进行情绪疏导时，指导语适宜即可。）

步骤3 要求来访者自行练习

情绪疏导人员可参考以下表述内容："现在您已经学会了想象放松训练方法，我会提供给您一份指导材料，请在日常生活中进行练习。建议每日练习1~2次，每次5~10分钟。想象放松训练需要持之以恒，可能开始的几次练习并不能使您很快进入深度放松状态，多次重复练习才会有效果。"

学习单元 2　合理情绪疗法

知识要求

合理情绪疗法的核心内容是与来访者的不合理信念辩论，它对情绪疏导人员自身心态的要求较高。在整个情绪疏导过程中，情绪疏导人员要能够以接纳的态度对待来访者，从而引导、影响来访者主动进行自我反思。在与来访者辩论的过程中，如果情绪疏导人员对自己的心态把握不好，就容易出现为了证明自己观念而忽视来访者真实感受的情况，这不仅对来访者没有任何帮助，而且会引发来访者对情绪疏导人员的阻抗或不信任。因此，在整个情绪疏导过程中，情绪疏导人员应保持共情与接纳的基本态度。

一、合理情绪疗法的原理

合理情绪疗法理论认为，引起情绪困扰的并不是外界发生的事件，而是人们对事件的看法、态度、评价等认知内容，因此改变情绪困扰不应致力于改变外界事件，而应改变认知，即通过改变认知进而改变情绪。合理信念会引起人们对事物的适度情绪反应；相反，不合理信念则会导致不适当的情绪及行为反应。当人们坚持某些不合理信念，长期处于不良的情绪状态之中时，最终可能会产生情绪障碍。

二、合理情绪疗法的实施过程

1. 情绪疏导人员与来访者建立良好的关系，在确定取得来访者信任后，向来访者介绍合理情绪疗法的原理

合理情绪疗法理论指出，影响情绪或行为的关键因素，常常不是某个事件，而是人们对这一事件的不合理认识和评价。也就是说，是人们的信念在决定着自己的情绪状态。因此，当人们对外在事件产生合理的认识和评价时，情绪就会相对平稳可控；当人们对外在事件产生不合理的认识和评价时，就很容易因为不合理信念或与现实不符的想法而产生负面情绪，同时被这种负面情绪所困扰。合理情绪疗法是通过理性分析和逻辑思辨，来改变导致情绪困扰的不合理信念，建立合理信念，从而恢复正常的情绪状态。

注意，此阶段的主要任务是促使来访者领悟到以下几点。第一，是信念引起了情绪及行为反应，而不是诱发性事件本身。第二，只有改变不合理信念，才能减轻或消除目前存在的各种症状。第三，情绪困扰的原因与来访者自己有关，来访者应对自己的情绪及行为反应负有责任。

2. 情绪疏导人员从来访者的陈述中分析出具体的 A、B、C

通过来访者的陈述，情绪疏导人员找出诱发性事件 A，分析情绪及行为反应 C 是因为哪些信念 B 产生的。建议用笔记录来访者表述的 A、B、C 所代表的内容，并与来访者明确哪些 B 是合理的，哪些 B 是不合理的。要指出来访者现在的痛苦及情绪困扰，是由于自己对事件的不合理信念所导致的。同时，需要向来访者说明什么是不合理信念。常见的不合理信念有糟糕至极、以偏概全、绝对化要求。

糟糕至极：认为不好的事情一旦发生就不可改变，并且是毁灭性的。其实，很多时候可以通过一些努力让情况好转，所以并没有多少事情是不可改变的。

以偏概全：表述内容包含"一无是处""一文不值"等，常见的是当一件事情没做好时，就会否定整体工作的价值或整个人的价值。有些来访者会以这种错误的认知来评价自己，当自己没有做好某件事情时，就会认为自己"一无是处"，什么事情都做不好，好像自己是世界上最笨的人。其实，每个人都有过做不好某些事情的时候，需要让来访者领悟，人都会犯错误，只是有的人并不会因为某一个错误而完全否定自己，更不会长期被这种情绪所困扰。

绝对化要求：带有"必须"和"应该"的要求。情绪疏导人员可运用"黄金规则"来反驳来访者对他人和周围环境的绝对化要求。所谓黄金规则，是指"像你希望别人如何对待你那样去对待别人"的理性观念。某些来访者常常错误地运用这一规则，他

们的观念可能是"我对别人怎样,别人必须对我怎样"或"别人必须喜欢我,接受我"等一些不合理的绝对化要求,而他们自己却做不到"必须喜欢别人"。当这类绝对化要求难以实现时,来访者常常会对他人产生愤怒和敌视等情绪,这实际上已经违背了"黄金规则",而是构成了"反黄金规则"。因此,一旦来访者接受了"黄金规则",他们很快就会发现自己对他人或环境的绝对化要求是不合理的。

3. 情绪疏导人员运用多种方法,修正来访者原有的不合理信念,使其产生合理信念

(1)与不合理信念辩论。这种方法主要是通过情绪疏导人员积极主动地提问来应用的。情绪疏导人员的提问应具有明显的挑战性和质疑性特点,其内容应紧紧围绕来访者信念的非理性特征。

针对来访者持有的"糟糕至极"不合理信念,情绪疏导人员可以参考以下内容进行提问:"这件事到底糟糕到什么程度?你能否拿出一个客观数据来说明?""如果这件可怕的事发生了,世界会因此而灭亡吗?你会因此而死去吗?""发生这些事情,你又会怎样?""你怎么证明你真的受不了了?"

针对来访者持有的"以偏概全"不合理信念,情绪疏导人员可以参考以下内容进行提问:"你怎么才能证明你是个一无是处的人?""毫无价值的含义到底是什么?如果你在这一件事情上失败了,就认为自己是个毫无价值的人,那么你以前许多成功的经历又表明你是个什么样的人呢?""你能否保证每个人在每件事上都不出差错?如果他们做不到这一点,那么又有什么理由表明他们就不可救药了呢?"

针对来访者持有的"绝对化要求"不合理信念,情绪疏导人员可以参考以下内容进行提问:"有什么证据可以证明你必须获得成功,而别人不可以获得成功?""别人为什么必须友好地和你相处?""事情为什么必须按照你的而不是别人的想法来发展?"

一般来讲,来访者并不会简单地放弃自己的信念,他们会寻找各种理由进行辩解。这就需要情绪疏导人员时刻保持清醒、客观、理智的头脑,根据来访者的回答一环扣一环,紧紧抓住来访者表述中的非理性内容,通过不断重复辩论,使来访者感到理屈词穷。但是,情绪疏导人员不仅是辩论者,还是权威的信息提供者和合理生活的指导者。也就是说,通过辩论,情绪疏导人员不仅要使来访者认识到其信念是不合理的,也要使其分清什么是合理信念、什么是不合理信念,并帮其学会如何用合理信念代替不合理信念。当来访者对不合理信念有了一定认识后,情绪疏导人员要及时给予肯定和鼓励,使其认识到即使某些不希望发生的事真的发生了,自己也能以合理信念来面对现实。

与不合理信念辩论是一种主动性和指导性很强的认知改变技术,它不仅要求情绪

疏导人员对来访者所持有的不合理信念进行主动发问和质疑，也要求情绪疏导人员指导或引导来访者对不合理信念进行积极主动的思考，使来访者对自己的问题深有感触。对于来访者而言，这样辩论比被动地接受情绪疏导人员的说教更有成效。

（2）合理情绪想象。合理情绪想象是指帮助来访者停止传播不合理信念的方法，其实施过程前文已介绍过。

4. 情绪疏导人员引导来访者进行自我分析并建立合理信念

情绪疏导人员教会来访者分析 A、B、C，并且尝试通过与不合理信念辩论或合理情绪想象找到不合理的 B。可以引导来访者进行自我分析，在分析过程中将 B 列出，找出合理的 B 和不合理的 B 分别有哪些，让来访者尝试采用自我辩论或合理情绪想象的方法，修正 B 的不合理部分，建立合理信念。

5. 情绪疏导人员给来访者布置家庭作业

当确认来访者已基本掌握合理情绪疗法的实施过程后，情绪疏导人员需要帮助来访者从其思维特点中找到一些经常出现的不合理信念，并罗列出来，让来访者回家后独立填写 RET 自助表，即完成家庭作业。RET 自助表（示例）见表 6-1，此为个案中运用的，仅供参考。

完成 RET 自助表实际上就是来访者自己分析 A、B、C、D、E、F 各项的过程。当来访者无法找到合理信念 E 时，可以预先写出自己所期待的，而后去寻找相应的较为合理的信念。

表 6-1　　　　　　　　　　RET 自助表（示例）

（A）诱发性事件（在我感到情绪困扰或产生自损行动之前发生的事件）

（C）后果或情况（在我身上出现的，也是我想要改变的情绪困扰或自损行为）

（B）信念（导致我产生情绪困扰或自损行为的不合理信念，圈出所有诱发性事件的不合理信念）

续表

诱发事件的不合理信念：	9. 面对问题还不如逃避问题
1. 我一定要得到每个人的爱和赞赏 2. 我必须在每个方面都够资格、能干、有成就 3. 世界应该是公平的，我应该永远受到公平对待 4. 其他人的信念和价值观应该与我相同，他们做事情的方式也应该与我相同 5. 有些人很坏，他们为非作歹应该受到谴责或惩罚 6. 如果我没有把事情做好，那么我就是一个坏人、一个失败者 7. 世界应该提供我所需要的东西，生活应该过得舒舒服服，我不应该遭罪，不应该遇到麻烦 8. 事情如果没有按我喜欢的方式发展，就太糟了	10. 心情是由生活境遇决定的，当事情进展得不顺利，我就不可能开心 11. 如果有可能发生坏事，我就应该左思右想 12. 任何问题都有一个正确答案，如果我找不出答案，就太糟了 补充的不合理信念： 13. 14. 15. ……

（D）辩论（与每个不合理信念辩论，例如，"为什么我必须得到每个人的爱和赞赏？""哪儿写着我是个白痴？""何以证明我必须受人赞赏？"）

（E）有效的合理信念（取代不合理信念的合理信念，例如，"我希望干得很棒，但并非一定如此！""我是个行动力有些差劲的人，但我这人不是白痴！""尽管我喜欢受人赞赏，但没有理由必须如此！"）

（F）情绪及行为反应（我建立合理信念之后感受到的）

备注：我将在大量场合做出很大努力，重复自己的有效合理信念，这样我就能在当下减轻情绪困扰，在将来减少自损行为

6. 巩固效果

情绪疏导人员在这一阶段的主要任务是巩固前几个阶段所取得的效果，帮助来访者进一步摆脱原有的不合理信念及思维方式，使新的信念得以强化，从而使来访者在疏导结束之后仍能用学到的方法和技术应对生活中遇到的问题，以更好地适应现实生活。在这一阶段，情绪疏导人员可采用的方法和技术同上一阶段，如继续使用与不合理信念辩论、合理情绪想象的方法以及让求助者完成各种认知性、情绪性和行为方面的家庭作业。此阶段疏导的主要目的是重建，即帮助来访者在认知方式、思维过程以及情绪和行为反应等方面重新建立新的模式，克服其在生活中出现情绪困扰和不良行

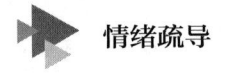 情绪疏导

为的倾向。

三、合理情绪疗法的局限性

合理情绪疗法也有其自身的局限性,具体如下。

第一,合理情绪疗法假定人有一种生物的倾向性,倾向于采用不合理的思维方式进行思考,所以用合理信念代替不合理信念是需要个体用毕生努力去减少或克服的。因此,对于那些有严重情绪和行为障碍的来访者,虽然采用此疗法有可能解决情绪困扰问题,控制自我困扰的倾向性,但达到完全不出现不合理信念的程度是较为困难的。

第二,合理情绪疗法是一种看重认知取向的方法,它对那些年纪较轻、智力和文化水平较高、领悟力较强的来访者更有效果,但对那些在情绪疏导过程中拒绝改变自己信念、过分偏执、领悟困难的来访者可能难以奏效。此外,合理情绪疗法为孤独症、急性精神分裂症等病症的患者所能提供的帮助也是有限的。

第三,如果情绪疏导人员在辩论时为了博得来访者的好感而不直接提出其非理性之处,或所提的问题过于婉转和含蓄,那么就会使辩论停留于表面。因此,情绪疏导人员一定要针对所辩论的问题有明确目标,并做到有的放矢。同时,情绪疏导人员一定要保持绝对客观的态度。

第四,利用合理情绪疗法能否得到比较满意的效果,也与情绪疏导人员本身的信念有关,如果情绪疏导人员存有各种各样的不合理信念,则会阻碍情绪疏导的进行。因此,情绪疏导人员也要不断与自己的不合理信念进行辩论,尽量减少自己信念的非理性成分。

 情景演示

【情景一】与不合理信念辩论

一般资料:女,48岁,已婚,大学本科毕业,初中老师。

来访者主述:上高中的儿子与班里一女同学谈恋爱,结果学习成绩下降,老师请我到学校谈话。我回家后狠狠地批评了他,可他根本不听,丈夫还偏向他,说孩子交女朋友也是正常的。父子两个居然都不听话,气死我了,半个多月来情绪一直不好,心情郁闷,头痛。我是三十多岁才生的这个孩子,平时对孩子照顾得无微不至。孩子小时候比较听话,学习成绩也不错,但上高中后就变得不爱和大人交流。自从老师找过我后,我就郁闷、生气还头痛,不知道怎么办。

（1.情绪疏导人员与来访者建立良好的关系，在确定取得来访者信任后，向来访者介绍合理情绪疗法的原理。）

情绪疏导人员："感谢您对我的信任，愿意和我分享您的困扰。听您刚才的诉说，感受到您为儿子谈恋爱的事情感到比较生气和无奈，对吗？"

来访者："是的。"

情绪疏导人员："好的。很多时候困扰我们情绪的关键因素，不是外在发生的某个事件，而是我们对事件的一些不合理的认识和评价。当我们对外在事件产生合理的认识和评价时，我们的情绪就会相对平稳可控；当我们对外在事件产生不合理的认识和评价时，就很容易因为不合理信念而产生负面情绪，并被这种负面情绪所困扰。这是合理情绪疗法的原理。我想您今天过来也是不想继续受到负面情绪的困扰，那接下来我们一起从合理情绪疗法的视角，看看在您的想法中，哪些是合理的，哪些是不合理的。"

来访者："好的。"

（2.情绪疏导人员从来访者的陈述中分析出具体的A、B、C。A是读高中的儿子谈恋爱；B是儿子应该听妈妈的话，儿子如果考不上大学就是一件很糟糕的事情；C是生气、郁闷、头痛。）

情绪疏导人员："您觉得是什么原因使您生气和郁闷的？"

来访者："这还用说吗？当然是我儿子了，他一点儿都不听我的话。学习成绩下降，将来怎么考大学？有比这更糟糕的事吗？"

情绪疏导人员："您的意思是孩子必须听您的话？"

来访者："是的。孩子怎么能不听家长的话？"

情绪疏导人员："按照您的说法，您是妈妈，孩子必须听妈妈的话。"

来访者："那当然了。我让他不要谈恋爱是对他好，他这个年龄就不应该谈什么恋爱，谈恋爱就会影响学习，让他好好学习是为了他将来能考个好大学。总之，我是母亲，他应该听我的话。"（绝对化要求）

（3.情绪疏导人员运用与不合理信念辩论的方法，修正来访者原有的不合理信念，使其产生合理信念。在以下对话中，情绪疏导人员积极主动地提问，所提问题具有明显的挑战性和质疑性特点，其内容紧紧围绕来访者信念的非理性特征。情绪疏导人员从来访者的信念出发进行推论，当来访者因自己的不合理信念而推出谬论时，情绪疏导人员帮助来访者进行修改，使来访者持有合理信念，从而摆脱情绪困扰。）

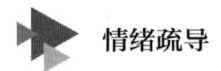

情绪疏导

  情绪疏导人员："按您所说的，您信奉的是孩子必须听妈妈的话。"

  来访者："对的。"

  情绪疏导人员："因此，您做孩子时，您肯定是听妈妈话的。"

  来访者："对，（犹豫）好像也不全是，我妈妈说的对的我都听了，我妈妈说的错的我也没听。"

  情绪疏导人员："对或错的标准在您手里，还是在您妈妈手里？"

  来访者："（不好意思地笑了）在我手里。"

  情绪疏导人员："您做孩子时可以不听妈妈的话，现在您要求您的孩子必须听您的话，这似乎有些矛盾，您能解释一下吗？"

  来访者："（沉默）我有些明白了，你的意思是说我没有听我妈妈的话，我的孩子也可能不听我的话，也就是说，我不能要求我一讲话孩子就必须听？"

  情绪疏导人员："是的，您可以想想，这和您的情绪有什么关系？"

  来访者："我明白了，我生气的原因就是我要求孩子必须听我的，我要是不这样要求就不会生气了。"

  （4.情绪疏导人员引导来访者进行自我分析并建立合理信念。在以下对话中，情绪疏导人员让来访者尝试用自我辩论的方式与B辩论，修正B的不合理部分，建立合理信念。）

  情绪疏导人员："您这样想时感觉如何？"

  来访者："轻松多了，不那么生气了。"

  情绪疏导人员："很好，其实转换一个视角看问题，我们就会舒服很多。那现在请您尝试用合理情绪疗法分析一下困扰自己的不合理想法还有什么？"

  来访者："我觉得我还是有些担忧，担心儿子谈恋爱影响学习成绩，导致考不上大学。"

  情绪疏导人员："您觉得儿子如果考不上大学会怎么样？"

  来访者："考不上大学就不会有好工作，没有好工作未来的生活就会很艰难。总之，考不上大学他的人生也就完蛋了。"（糟糕至极）

  情绪疏导人员："您觉得儿子考不上大学就没有好的人生，是吗？"

  来访者："是的，没有比这更糟糕的了。"

  情绪疏导人员："针对您的这个想法，请您尝试与自己辩论一下。"

  来访者："如果这件可怕的事发生了，世界会因此而灭亡吗？我会因此而死去吗？这些都不会发生，问题还不至于那么严重。（思考一会儿）儿子如果因为谈恋爱没考上大学,也并不是一件非常可怕的事情。"

(5. 情绪疏导人员给来访者布置家庭作业。)

情绪疏导人员: "若您回家之后遇到情绪困扰问题,请按照以下程序填写RET自助表,慢慢地就学会在日常生活中进行自我情绪疏导了。首先,写出诱发性事件A、后果或情况C;然后,从表中罗列的常见不合理信念中,找出符合自己情况的信念B,或写出表中未列出的其他不合理信念;接着,对B逐一进行辩论,找出可以代替那些不合理信念的合理信念,并填在相应的E栏中;最后,填写通过辩论获得的新的情绪及行为反应F。"

(6. 巩固效果。情绪疏导人员继续使用与不合理信念辩论的方法,巩固之前情绪疏导所取得的效果,帮助来访者进一步摆脱原有的不合理信念及思维方式,使新的信念得以强化,逐步克服来访者在以后生活中出现情绪困扰和不良行为的倾向,以使其更好地适应现实生活。)

情绪疏导人员: "通过上一次的会谈以及家庭作业,您现在觉得自己的情绪状态怎么样?"

来访者: "我想通了许多,孩子不一定都要听妈妈的,孩子如果考不上大学也不是一件很糟糕的事情。可是在想到孩子成绩下滑时,我还是会担心。"

情绪疏导人员: "能理解您担心的情绪。情绪疏导是一个过程,我们也需要给自己一些时间去慢慢调整。那可以具体说说您担心时会想些什么吗?"

来访者: "确实考不上大学也不是特别可怕的事情,可是我还是希望孩子能够少走弯路,能够顺利地考上理想的大学。"

情绪疏导人员: "现在您的想法其实已经发生了很大的改变,之前您觉得孩子必须考上大学,要不然就完蛋了。现在您是希望孩子考上好的大学,这是合理的想法,您可以试着回去和孩子表达一下您的想法,可以吗?"

来访者: "我有表达过,只不过我之前语气会比较重,现在我可以心平气和地和孩子沟通,或许他会更容易接受。"

情绪疏导人员: "是的,我们先处理情绪,再处理事件,就会容易得多。"

【情景二】合理情绪想象

一般资料: 女,汉族,25岁,未婚,大学文化。

来访者主述: 害怕与男性说话,工作中尽量避免与男性当面接触,希望领导把协调、组织工作交给别人,不要分配给自己。必须与男性联系时尽量通过邮件的方式。每当不得不与男性说话时,都感到负担很重,感觉心慌、脸红,

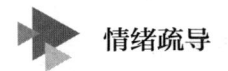

情绪疏导

脖子、后背发硬，担心自己声音颤抖更引起对方的注意。想尽量压制自己的紧张情绪，以免别人感到异样，但是感到对方会用奇怪的眼神看自己。最近半年甚至见了人都觉得害怕，很少与人交往，整天感到疲惫不堪，下班后就是自己在家看电视。工作中注意力无法集中，记忆力下降。食欲、睡眠都受到影响，对自己长期处于这种状况感到沮丧。

情绪疏导人员的观察：来访者衣着朴素、整洁，敲门的声音很轻，进入情绪疏导室后举止拘谨，说话声音小，不敢正视情绪疏导人员。来访者从小性格内向、听话，在大人眼中是个乖孩子。其父母要求严格，很在意来访者与男孩子的交往。初一时，有一次来访者与一位男同学同路放学回家，在家附近路口聊了一会儿天，被父亲看到，父亲就批评她不应该与成绩不好的男同学交往过密，作为女孩子要注意影响。这件事令来访者感到很羞耻，后来主动避免与男同学接触，与班上的一些男同学几乎没有说过话。来访者与男生说话时感到脸红、紧张，非常不自然。来访者上大学后情况稍有好转，与男生的交往稍有增多。但有一次宿舍同学开来访者和一个男同学的玩笑，从此来访者开始十分担心自己给人留下行为不检点的印象，更加回避男生。工作后这种情况更为严重，来访者见了年轻的异性就紧张、恐惧，很少参加集体活动。来访者从未谈过恋爱。现在感到自己惧怕与异性交往的问题影响了工作和生活，自己也对这种状况不满。曾多次想来咨询又害怕见情绪疏导人员，在父母的再三鼓励下，自己前来咨询。

（1.情绪疏导人员与来访者建立良好的关系，在确定取得来访者信任后，向来访者介绍合理情绪疗法的原理。）

情绪疏导人员："感谢您对我的信任，愿意和我分享您的困扰。听您刚才的诉说，感受到您在与异性交往方面感到比较紧张和恐惧，对吗？"

来访者："是的。"

情绪疏导人员："好的。根据您的情况，可以先采用合理情绪想象方法，这种方法主要是通过想象进入使您紧张和恐惧的情景中，从而在想象的情景中调整情绪，用合理情绪取代消极情绪。您愿意跟着我一起尝试一下吗？"

来访者："好的。"

（2.情绪疏导人员从来访者的陈述中分析出具体的A、B、C。A是工作和生活中要与异性接触；B是女孩子不应该和异性有亲密的交往，在和异性交往时，对方必然会关注自己的紧张情绪；C是紧张和恐惧。）

情绪疏导人员："您觉得是什么原因使您紧张和恐惧？"

来访者："一方面，我觉得我作为一个女孩子不应该和男生有过于亲密的接触；另一方面，我一旦接触男生，就觉得男生会用异样的眼光看自己，让我更加紧张和恐惧。"

情绪疏导人员："您的意思是女孩子不应该和异性有亲密的交往，如果和异性交往，对方必然会关注自己，对吗？"（绝对化要求和过分概括化）

来访者："是的。"

（3.情绪疏导人员运用合理情绪想象方法，修正来访者原有的不合理信念，使其产生合理信念。）

情绪疏导人员："请闭上眼睛，慢慢地做几次深呼吸……尽量使自己坐得舒服一些。现在请您在头脑里想象和异性交往的情景，尽可能想得生动、真实，就像事情正在发生一样……您现在因为工作的关系正在和一位男性面对面交谈，你们之间大概有1米的距离，其他同事都坐在自己的办公桌前安静工作……您能想象吗？"

来访者："能……"

情绪疏导人员："很好，请想象您最担心害怕的情景……想象它正在发生……"

来访者："……我现在很紧张、害怕，我能停下来吗？"

情绪疏导人员："保持想象，把注意力集中在那个情景上……注意您的感受……请描述您的感受。"

来访者："一开始只是有点儿紧张，然后，我发现和我交谈的这个男生一直盯着我看，就开始害怕起来，脑子全乱了，完全无法平静下来正常交谈……我感到我们的谈话没办法进行下去了，我会语无伦次，我很想快点结束谈话。"

情绪疏导人员："这正是我们要找的感受。好，现在请继续保持刚才的情景，要和刚才一样生动、真实……然后，请把极其紧张和恐惧换成有点儿紧张和害怕，可以吗？只是有点儿紧张和害怕……"

来访者："这太难了，我做不到……我做不到！"

情绪疏导人员："您可以做到，坚持这样做！想办法告诉自己些什么，譬如'就算这次谈话没能表现好，天也塌不下来，我依然可以活着……'"

来访者："（一两分钟后）我想我做到了，我只感到有点儿紧张和害怕，心里轻松多了。"

 情绪疏导

　　情绪疏导人员："很好！您做得非常棒！现在请告诉我，您是怎样将极其紧张和恐惧变成有点儿紧张和害怕的呢？"

　　来访者："我告诉自己，紧张、恐惧一点儿用处也没有，反而使自己越发不会交谈；我告诉自己，因为工作关系和异性交往是正常的事情，别人也不会那么在意我的紧张，即使别人看出了我的紧张，也没那么可怕，不至于要了我的命……"

　　（4. 情绪疏导人员引导来访者进行自我分析并建立合理信念。）

　　情绪疏导人员："非常好！您现在正在用合理信念代替那些不合理信念，这会让您的情绪不再那么紧张和恐惧。像这样的合理想法，我想您还可以找出很多。"

　　来访者："是的，如果我和异性交往，对方看出了我的紧张，那又怎么样呢？我不是还好好地坐在这里吗？看样子，我把问题想得太复杂了。"

　　情绪疏导人员："很好，现在请您把这样的想法带入自己的日常工作或生活中，可以每天尝试练习一遍合理情绪想象的方法，坚持一个月时间，您愿意吗？"

　　来访者："我愿意试试。"

　　（5. 情绪疏导人员给来访者布置家庭作业。）

　　情绪疏导人员："若您回家之后遇到情绪困扰问题，请按照以下程序填写RET自助表，慢慢地就学会在日常生活中进行自我情绪疏导了。首先，写出诱发性事件A、后果或情况C；然后，从表中罗列的常见不合理信念中，找出符合自己情况的信念B，或写出表中未列出的其他不合理信念；接着，对B逐一进行辩论，找出可以代替那些不合理信念的合理信念，并填在相应的E栏中；最后，填写通过辩论获得的新的情绪及行为反应F。"

　　（6. 巩固效果。可根据来访者问题情况决定是否继续使用合理情绪想象的方法，此阶段主要是巩固之前情绪疏导所取得的效果，帮助来访者进一步摆脱原有的不合理信念及思维方式，使新的信念得以强化，逐步克服来访者在以后生活中出现情绪困扰和不良行为的倾向，以使其更好地适应现实生活。）

学习单元 3

系统脱敏疗法

知识要求

系统脱敏疗法按照刺激强度由弱到强逐渐训练来访者心理的承受力、忍耐力，经过刺激多次反复呈现，一旦某一刺激不会再引发来访者焦虑或恐惧反应时，便可在来访者放松状态下呈现比前一个强一点儿的刺激，循序渐进，直到来访者不再对特定的刺激感到焦虑或恐惧。

一、系统脱敏疗法的原理

系统脱敏疗法又称交互抑制法，是由沃尔普根据条件反射学说发展而成的。系统脱敏疗法的理论基础是行为主义学派的经典条件反射与操作条件反射理论。其基本假设有以下两点：一是个体不适应的行为是通过学习获得的；二是个体习得的不良或不适应行为可以通过学习消除，也可通过学习获得。当来访者出现焦虑或恐惧情绪时，可利用肌肉放松去对抗由焦虑或恐惧引发的心率、呼吸等生理指标的变化，并通过放松状态与引发来访者焦虑或恐惧的刺激的多次结合，使来访者逐渐消除焦虑或恐惧，不再对该刺激产生敏感反应。

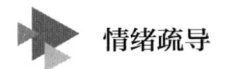

二、系统脱敏疗法的实施过程

1. 情绪疏导人员指导来访者学习放松训练方法

在来访者接受系统脱敏疗法之前，一般需要进行 6~10 次放松训练，每次 30 分钟，每天 1~2 次。放松训练能帮助来访者全身的肌肉迅速进入松弛状态。

2. 建立恐惧或焦虑事件的等级层次

（1）找出所有使来访者感到恐惧或焦虑的事件，并请来访者对每个事件感到恐惧或焦虑的程度进行描述。这种主观感受的程度一般用 0 到 100 进行单位划分，如 0 表示心情平静，25 表示轻度恐惧或焦虑，50 表示中度恐惧或焦虑，75 表示高度恐惧或焦虑，100 表示极其恐惧或焦虑。

（2）将来访者描述的恐惧或焦虑事件按等级程度由小到大的顺序排列。一般建立 6~10 个等级层次为宜，最多不超过 20 个。

上述两项内容可由来访者自己完成，但情绪疏导人员应进行检查和核对，将事件严格按照等级进行排列。

3. 进行系统脱敏训练

（1）进入放松状态。应选择一处安静独立、光线柔和、气温适宜的训练场地，让来访者靠在舒适的座椅上或躺在舒适的沙发上，播放轻音乐，来访者随着音乐的节奏开始进行肌肉放松训练。肌肉放松训练可依次按照手臂、头部、颈部、肩部、背部、胸部、腹部、下肢的顺序进行，要求来访者学会感受肌肉紧张与肌肉松弛的区别。需要经过长期的反复训练，直到来访者能在日常生活中灵活使用相关技巧，做到肌肉彻底放松。

（2）想象脱敏训练。在来访者身体完全放松后开始训练，首先应让来访者想象某一等级的刺激物或事件，在感到紧张时停止想象并放松全身，之后反复重复以上过程，直到来访者不再因想象该刺激物或事件而感到焦虑或恐惧，这时该等级刺激的脱敏就完成了。之后进行下一个等级刺激的脱敏训练，一次想象脱敏训练通常不超过四个等级。如果在训练中某一等级刺激引发了来访者的强烈情绪，则应降级重新训练，直到来访者可适应时再进行高等级刺激的训练。当完成全部等级刺激的想象脱敏训练时，就可以从想象情景向现实情景转换，并继续进行脱敏训练。

（3）现实情景训练。训练时选择合适的场所，仍然从最低级刺激开始训练，逐级放松进行脱敏训练，以最终刺激不会引起强烈的情绪反应结束训练。同时，应为来访者布置家庭作业，要求来访者每次在接受情绪疏导后对本次训练对应的情景进行自我强化练习，每周2次，每次30分钟为宜。

三、系统脱敏疗法的注意事项

1. 使用系统脱敏疗法时，要评估来访者的想象能力，确保来访者可以进入清晰、具体、生动的想象情景。若来访者不能用想象和放松的方法降低恐惧或焦虑水平，建议考虑其他方法。

2. 使用系统脱敏疗法时，要确保来访者达到较好的放松水平后再开始脱敏训练。

3. 各刺激等级之间要有合适的差距，差距不可过大也不可过小，且各相邻等级之间的差距应相等。具体根据来访者的个体特征和引发恐惧或焦虑的情景特征灵活处理。

4. 恐惧或焦虑等级是情绪疏导人员和来访者共同商定的，而非其中一方主观制定的。

5. 若使来访者恐惧或焦虑的情景有多个，则需要针对不同情景建立不同的等级表，然后逐一进行脱敏训练。

情景演示

系统脱敏疗法的应用

一般资料：小吴，女，高三学生，因为考试焦虑而前来求助。

来访者主诉：从高一的时候开始对考试紧张、焦虑，每当考试来临便开始坐卧不安。虽然每次考试前都会很积极认真地复习功课，每次考试也都能考得不错，但仍然每到考试就紧张，一听说要考试了便觉得惴惴不安。老是担心自己在考试时会出现问题，强迫自己抓紧时间看书、复习，课间也不敢休息，虽然这样努力，但是学习效率并不高。到了考试前的一天或几天，就会突然拉肚子，浑身不舒服。现在快要到期末考试了，自己想到这些就害怕，怕自己再出现这样的情况而影响考试成绩。自己试过深呼吸放松法，在感觉紧张的时候进行深呼吸，但效果不大。自己很焦急，不知道该怎么办，希望情绪疏导人员能帮她改变这种情况。

（1.情绪疏导人员指导来访者学习放松训练方法。）

情绪疏导人员："您好，我是这里的情绪疏导人员×××，请问有什么可以帮到您的吗？"

来访者："我自从高一开始就对考试紧张、焦虑，一听要考试了便觉得惴

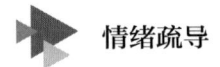

情绪疏导

喘不安，一想到考试就特别害怕，老是担心自己在考试时会出现问题……"

情绪疏导人员："听上去考试确实是很困扰您的一个问题。根据您的情况，系统脱敏疗法比较适合解决您的问题。在采用这个方法进行疏导之前，我们需要先学会使全身肌肉松弛的方法。您觉得可以吗？"

来访者："可以。"

情绪疏导人员："下面进行放松训练。"（过程略，具体方法参见肌肉放松训练的相关内容。）

情绪疏导人员："注意，放松训练的学习需要一个过程，所以要请您每天用 10~15 分钟练习，在后面几次会面时我们需要进行放松训练的巩固，直到您可以快速放松全身。"

（2. 建立焦虑事件的等级层次。最终商定的来访者小吴的考试焦虑等级表见表 6-2，建立这样一个等级表之后就可以进行系统脱敏训练了。）

情绪疏导人员："现在请您想出所有与考试有关的、能导致您焦虑的事件，可以写在一张纸上。"

来访者："好的。"（开始写）

情绪疏导人员："这些事件，请您按引起焦虑程度等级由小到大的顺序排列。我们根据您排列的情况再次确认一下等级是否合适。按您的排列，当您听到'考试'二字时，如果对焦虑程度从 0 到 100 进行单位划分的话，有 30 个单位的紧张感吗？"

来访者："合适，只是有点儿紧张。"

情绪疏导人员："考试前老师宣布要考试了，这时您的紧张程度怎么样？"

来访者："稍高一点儿，40 个单位。"

情绪疏导人员："老师宣布要考试了，您正在集中精力备考，这时候突然想到马上就要考试了，您的感觉是怎么样的？"

来访者："真正体验到紧迫感，有些紧张了，50 个单位。"

情绪疏导人员："到了考试的前一个晚上，想起来明天就要考试了，您的感受如何？"

来访者："我感觉很紧张，觉得晚上要睡不好了，肚子也开始不舒服，60 个单位。"

情绪疏导人员："一个晚上过去了，到了考试当天，您正走在去教室参加考试的路上，您觉得现在的紧张程度是怎样的？"

来访者："我的心跳开始加速，非常紧张、担心，70个单位。"

情绪疏导人员："您还是走进了教室，并坐在了自己的位置上，等待老师分发试卷，准备开始考试。"

来访者："天啊，简直糟透了，达到80个单位。"

情绪疏导人员："试卷发到了您手中，您正在浏览全部考题，感觉怎么样？"

来访者："接近于惊恐，真的坏透了，肯定达到90个单位了。"

情绪疏导人员："您做题时听到其他同学写字的唰唰声，感觉怎么样？"

来访者："没有比这更糟糕的了，100个单位，我一想到都害怕极了。"

表6-2　　　　　　　　来访者小吴的考试焦虑等级表

等级	项目	单位/个
1	听到"考试"二字	30
2	考试前老师宣布要考试	40
3	正在备考想到临近考试	50
4	考试前一晚想考试的事	60
5	走在去教室参加考试的路上	70
6	走进教室，坐下，等待老师分发试卷	80
7	拿到试卷，做题之前浏览全部考题	90
8	做题时听到其他同学写字的唰唰声	100

（3. 进行系统脱敏训练。）

情绪疏导人员："您在家做肌肉放松练习了吗？"

来访者："做了，每天做15～20分钟。"

情绪疏导人员："放松得怎么样？"

来访者："挺好的，能够比较快地感受到身体的放松。"

情绪疏导人员："现在我们再一次开始放松，当您全身肌肉完全放松后，伸出右手食指告诉我。"（5分钟后来访者伸出右手食指示意。）

情绪疏导人员："好，现在我要求您想象一些情景。您要想象得清晰、具体，它们也许会干扰您的放松，如果您感到焦虑，您随时可以告诉我。如果您已经清楚地想象出了一个情景，举起右手食指让我知道。明白吗？"

来访者："明白了。"

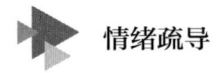

情绪疏导

情绪疏导人员:"首先,您想象待在自己的房间里,正坐在平时做作业的桌子前。环顾一下房间,阳光透过窗户洒进来,照在您的身上暖洋洋的,非常温暖和舒适,您听到窗外有鸟叫声,非常悦耳动听。当您清晰地想象到这个情景时,请您用右手食指示意一下。"(过了30秒,来访者举起她的右手食指,情绪疏导人员停顿5秒。)

情绪疏导人员:"停止想象刚才的情景。在您想象的时候,您的焦虑增加了多少?"

来访者:"一点儿也没有。"

情绪疏导人员:"现在请让注意力再回到肌肉放松训练上。"(停顿20~30秒,重复进行放松指示。)

情绪疏导人员:"现在想象您听到父母正在讨论即将考试的事情,具体内容不是很清晰,但您听到了'考试'二字。该情景在脑中出现时以右手食指示意。"(过了30秒,来访者举起她的右手食指,情绪疏导人员停顿5秒。)

情绪疏导人员:"持续想象这个情景……(情绪疏导人员停顿10秒)请停止这个情景的想象。您的焦虑程度增加了多少?"

来访者:"大约30个单位。"

情绪疏导人员:"现在请您放松全身肌肉,待完全放松后,焦虑程度为0时以右手食指示意……(30秒后来访者示意)好,继续想象刚才那个情景,您听到父母提及'考试'二字,情景清晰即示意……(5秒后来访者示意)请保持想象这个情景……(情绪疏导人员停顿10秒)请停止想象这个情景,您的焦虑程度是怎么样的?"

来访者:"大约15个单位。"

情绪疏导人员:"现在请您放松全身肌肉,待完全放松后,焦虑程度为0时以右手食指示意……(30秒后来访者示意)好,继续想象刚才那个情景,您听到父母提及'考试'二字,情景清晰即示意(来访者立即示意),请保持想象这个情景……(情绪疏导人员停顿10秒)请停止想象这个情景,您的焦虑程度是怎么样的?"

来访者:"大约5个单位。"

情绪疏导人员:"现在请您继续放松全身肌肉,待完全放松后,焦虑程度为0时以右手食指示意……(20秒后来访者示意)好,继续想象刚才那个情景,情景清晰即示意(来访者立即示意),请保持想象这个情景……(情绪疏导人员停顿10秒）请停止想象这个情景，您的焦虑程度是怎么样的？"

来访者："0，感觉很放松。"

（4.按照焦虑等级逐级脱敏，一次脱敏可推进几个等级，但原则上不超过四个等级。每个等级根据来访者焦虑程度确定放松的次数。）

情绪疏导人员："现在请您放松全身肌肉，待完全放松后，焦虑程度为0时以右手食指示意……（30秒后来访者示意）好，现在请想象您和同学们坐在教室里学习，老师走进来了，她走上讲台，宣布下一周进行一次考试，当您清晰地想象到此情景时，请用右手食指示意……（30秒后来访者示意）请您保持想象这个情景……（情绪疏导人员停顿10秒）请停止想象这个情景，您的焦虑程度是怎么样的？"

来访者："大约40个单位。"

情绪疏导人员："现在请您放松全身肌肉，待完全放松后，焦虑程度为0时以右手食指示意……（30秒后来访者示意）好，现在请您继续想象您和同学们坐在教室里学习，老师走进来了，她走上讲台，宣布下一周进行一次考试，当您清晰地想象到此情景时，请用右手食指示意……（20秒后来访者示意）请您保持想象这个情景……（情绪疏导人员停顿10秒）请停止想象这个情景，您的焦虑程度是怎么样的？"

来访者："大约25个单位。"

情绪疏导人员："现在请您放松全身肌肉，待完全放松后，焦虑程度为0时以右手食指示意……（30秒后来访者示意）好，现在请您继续想象您和同学们坐在教室里学习，老师走进来了，她走上讲台，宣布下一周进行一次考试，当您清晰地想象到此情景时，请用右手食指示意（来访者立即示意）。请您保持想象这个情景……（情绪疏导人员停顿10秒）请停止想象这个情景，您的焦虑程度是怎么样的？"

来访者："大约15个单位。"

情绪疏导人员："现在请您放松全身肌肉，待完全放松后，焦虑程度为0时以右手食指示意……（30秒后来访者示意）好，现在请您继续想象您和同学们坐在教室里学习，老师走进来了，她走上讲台，宣布下一周进行一次考试，当您清晰地想象到此情景时，请用右手食指示意（来访者立即示意）。请您保持想象这个情景……（情绪疏导人员停顿10秒）请停止想象这个情景，您的焦虑程度是怎么样的？"

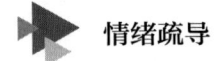 情绪疏导

来访者:"没有紧张感了。"
……
(每次情绪疏导结束后要给来访者布置肌肉放松训练的家庭作业。)

学习单元 4

简易行为矫正疗法

知识要求

简易行为矫正疗法假设人的行为是习得的,是可以预测、可以改变的。该疗法以经典条件反射理论、操作性条件反射理论、社会学习理论等为理论基础。简易行为矫正疗法的目的有两个:一是帮助个体习得、形成新的良好行为,二是增加个体已有的良好行为。

一、简易行为矫正疗法的原理

斯金纳的操作性条件反射理论是简易行为矫正疗法原理的基础。当一个操作性行为在某种情景或刺激下出现后,及时给予一种正强化物,如果这种正强化物能满足行为者的需要,以后在那种情景或刺激下,这一操作性行为发生的概率就会增大。正强化物既可以是物质方面的,也可以是精神方面的。斯金纳以小白鼠为实验对象,他将饥饿的小白鼠关入箱内进行实验。开始时,小白鼠只会在箱内乱碰乱抓,后来它偶然按压杠杆,于是有一粒食丸滚入食槽,小白鼠立即将其吃掉,这样重复多次后,小白鼠学会了按压杠杆获取食丸的行为,小白鼠按压杠杆的反应就是一种操作性条件反射。操作性条件反射理论强调,行为的改变是依据行为的结果而定的。结果行为若受到强化,行为的发生概率就会增大;结果行为若受到惩罚,行为的发生概率就会减小。例

 情绪疏导

如，一个人帮助别人，如果得到别人的赞扬和奖励，以后这个人继续帮助别人的概率就会增大；一个人做出不良行为，如果受到了惩罚，这种不良行为也许就不再出现或出现得少了。人类的日常行为大多是在操作性条件反射基础上建立起来的。良好行为的建立就是采用强化原理，激励儿童逐步养成人类社会认同的行为方式；不良行为的消除就是采用惩罚原理，督促儿童改变负性行为，使负性行为趋向良好行为。

二、常用的简易行为矫正方法

常用的简易行为矫正方法有强化法、惩罚法、消退法和代币制法。

1. 强化法

人的日常行为是有一定规律的。例如，喜欢去某几个餐馆就餐是因为那里饭菜美味价廉、环境宜人，喜欢与某些人一起活动是因为大家志同道合、趣味相投。在日常生活中，人的行为常常就是这样被慢慢强化，进而慢慢演变成行为习惯的。人之所以做出某些行为的另一个理由，可能是父母、教师或者其他人那样期待。这些行为都有一个共同特征，就是个体做出某种行为之后获得了某个满意的结果，而这个结果使行为增加，这一过程就是"行为被强化了"。在行为矫正研究领域，强化是指某种行为进行之后呈现某种结果性刺激，这种刺激使该行为发生概率增大的过程。行为增加通常是指行为的发生次数增多、持续时间延长或者强度增强。在强化的过程中，行为的结果与行为的增加有密切联系，即行为的结果使行为得到了强化。强化既是行为形成的规律，又是促使行为发生概率增大的一种技术。

根据行为的结果，强化可以分为正强化与负强化。在日常生活中，能够使行为增加的行为结果通常有两种不同的形式：一种是行为发生之后获得了奖励，另一种则是逃避或者回避某些令人讨厌、害怕的刺激。这两种都是强化，但二者有差别。当个体自发做出某种行为或反应后，呈现的某种奖励使行为或反应的强度增强、概率增大或速度加快的过程为正强化。例如，在某家商店所买到的物品性价比很高，下次购物时就会首选这家商店；家长或教师常常采用微笑、点头赞许、口头表扬、让孩子参加喜欢的活动等方式对其所表现出的良好行为给予奖励。当个体自发做出某种行为或反应后，随即排除厌恶刺激，此类行为或反应发生概率增大的过程为负强化。例如，一个人早上醒来时发现比闹钟设定的时间早几秒，就往往会先关闭闹钟以防止它"闹"起来，在闹钟响之前醒来实际上就是负强化物的影响。在上述例子中，"闹钟"是负强化物，"醒来"是正性行为，人在以前的经验中学会了在闹钟响之前就醒来，因为人不喜欢闹铃声，提前醒来是为了避免听到闹铃声。

2. 惩罚法

举两个生活中常见的例子：孩子故意打别的小朋友，在被父母严厉斥责之后就很少再做出类似的攻击行为；学生忘记做作业，在被老师批评之后就记住每天要按时完成作业。上述例子中，个体原有的负性行为出现了减少或者消失的现象，这种行为改变过程在行为矫正疗法中称为惩罚。所谓惩罚，是指当个体自发做出某种行为或反应后，呈现某种厌恶刺激，使行为或反应的强度减弱、概率减小或速度减慢的过程。对于惩罚这个概念，有的人存在误解，即认为只要出现某种厌恶刺激或者令其损失已经获得的正强化物就是惩罚。实际上，在用厌恶刺激去惩罚个体的负性行为时，这个厌恶刺激往往并不能减少某一负性行为。例如，有一名小学生喜欢在课堂上随意讲话、做与课堂无关的事情，老师每次看到后都会对其批评、纠正，希望这位同学能够减少随意讲话和做小动作的行为。对于老师来说，对这位同学的批评是一种惩罚，但这位同学仍然在课堂上不断地随意讲话和做小动作，以此引起老师的注意。这说明老师的批评并没有达到制止或者减少这位同学随意讲话或做小动作的行为。因此，只有行为出现的结果导致了个体行为的抑制，即只有行为出现了减少或者消失的情况，对应的厌恶刺激才是行为矫正疗法中真正意义上的惩罚。

 小贴士

行为矫正疗法相关概念的区别见表6-3。

表6-3　　　　　　　　　行为矫正疗法相关概念的区别

区别项	概念		
	正强化	负强化	惩罚
刺激效果	行为或反应概率增大	行为或反应概率减小	行为或反应概率减小
刺激方式	呈现	排除	呈现
刺激特点	愉悦刺激	厌恶刺激	厌恶刺激

3. 消退法

所谓消退，是指在某个情景或者刺激条件下，个体产生了以往被强化的行为或反应，但之后行为或反应并没有像以往那样被强化，那么在下一次遇到类似情景时，该行为或反应的发生概率就会减小，甚至消失的过程。简单来说，消退就是对以往强化过的行为不再进行强化。

下面来看一则故事。一位老人在一个小乡村里休养，但附近却住着一群十分顽皮的孩子，他们天天互相追逐打闹，吵闹声使老人无法好好休息，在屡禁不止的情况下，老人想出了一个办法。他把孩子们都叫到一起，告诉他们谁叫的声音越大，谁得到的奖金就越多，他每次都根据孩子们的吵闹情况给予不等的奖金。当孩子们已经习惯于获取奖金的时候，老人开始逐渐减少所给的奖金，最后无论孩子们怎么吵，老人一分钱也不给。结果，孩子们认为"不给钱了谁还给你叫"，就再也不到老人所住的房子附近大声吵闹，老人终于得到了清静。这个故事中的老人使用的就是行为矫正的消退法。老人采用给予奖金的方法对孩子们吵闹的行为进行奖励，一旦孩子们习惯了这种奖励方式，老人就逐渐地减少奖金，并最终完全不给奖金了，这让孩子们吵闹的行为逐渐减少并最终消失。这一行为的变化与经典条件反射、操作性条件反射实验中所提到的行为消退非常相似。在经典条件反射实验中，当条件反射形成之后，如果仅仅呈现条件刺激物，不再给予无条件刺激物（即不再给予强化物），则已经形成的条件反射就会渐渐地减退直至消失。在操作性条件反射实验中，如果小白鼠多次按压杠杆但没有食丸滚落下来，那么，小白鼠按压杠杆的行为也会逐渐减少直至完全消失。这种改变遵循了行为消退的规律，利用这一规律可以矫正已经形成的负性行为。

4. 代币制法

所谓代币制，是指运用代币对个体行为进行强化的一套行为改变系统。这一系统通常由以下三个部分组成：一张关于目标行为的详细清单；与目标行为有关的代币数，代币是指可以累积起来交换其他强化物的物体；代币可以交换的支持性强化物清单，如喜欢的东西、活动或者某种奖励方式。

代币其实是一种中介物，在行为改变的过程中，用一种本来不具有增强作用的物体作为表征物（如筹码、小星星、纸币等），让它与具有增强作用的其他刺激物（如食品、玩具等）相联结，令这一种表征物变成强化物。在代币制这一系统中，最关键的是代币，它对行为具有很好的强化作用，但是它又不同于食物、活动、微笑、表扬之类的强化物。代币所起到的是泛化性条件强化物的作用。在家庭教育和学校教育中，代币制法常常被父母和教师无意识地使用，以奖励孩子的良好行为。例如，在幼儿园和小学阶段，老师常常会用小星星、贴纸等方式来奖励孩子的各种良好行为，并规定礼品、特殊待遇、额外游戏时间、表扬信、奖状等所需的小星星或贴纸数量。又如，对于大学生而言，每学期考试成绩合格之后所获得的学分也是一种代币，当学分累积到一定水平时，学生就可以获得毕业证书。

三、常用简易行为矫正方法的实施

1. 强化法

（1）实施过程

1）确定强化的目标行为。在编制行为干预方案之前，情绪疏导人员需要了解来访者的基本情况，清楚问题形成的原因，确认来访者需要干预的适应不良或行为异常的主要症状表现，即目标行为。确定强化的目标行为有以下要求：强化的目标行为应该是正性行为；这一行为应该是具体而明确的，越具体越好。如果目标行为不具体或缺乏评估手段与方法，将难以操作，这就要求情绪疏导人员用清晰、明确的语言来描述目标行为。例如，老师希望学生养成做课堂笔记的行为习惯，学生也愿意做出这一行为，那么做课堂笔记就是可观察、可评估的目标行为。

2）明确强化物，制定强化物清单。强化物的选择直接关系到干预效果，在选择强化物之前，一般需要对来访者进行刺激偏好评估。评估主要有三个目的：一是确定个体所偏好的刺激物；二是确定个体对所偏好刺激物的偏好程度；三是确定在什么情况下，这些刺激物的偏好程度会发生改变。因此，确定来访者对刺激物的偏好，首先要收集大量的可作为强化物的刺激物；其次要将这些刺激物呈现给来访者，让来访者确定他所偏好的刺激物以及偏好的程度。要想了解来访者到底喜欢哪些东西，可以通过直接询问、问卷调查以及对来访者日常活动进行观察等方式。

3）根据矫正计划实施强化。情绪疏导人员将行为与强化物紧密结合，当来访者出现目标行为时立即给予强化，不能拖延时间，并向来访者说明被强化的具体行为、目的、意义和方法，使来访者清楚行为矫正的目标，理解所用技术和方法的目的及意义，树立信心并主动配合。一旦目标行为按期望的频率多次发生，就应逐渐取消具体的强化物，并继续采用社会性强化物或者间歇性强化的方法，以防出现来访者对强化物脱敏的现象。例如，当孩子出现按时完成作业的行为时，就应该对其进行正强化，即给予奖励，经过按时完成作业的目标行为与奖励的多次结合，孩子将逐渐养成按时完成作业的行为习惯，此时就可以慢慢取消具体的奖励。

4）追踪评估。在强化过程结束后，需要对效果进行周期性评估，目的有以下两点：一是看来访者的良性行为是否形成，所习得的行为是否能够维持；二是看来访者是否能够发挥主观能动性，将强化法扩展到日常生活情景中。例如，如果孩子已经通过强化法使自己养成了按时完成作业的行为习惯，并能坚持这一行为习惯，那么孩子就可利用所学到的方法举一反三，将强化法运用到其他需要改变的行为上去，从而改变不良行为，建立良好行为，获得心理成长。

（2）注意事项

1）目标行为应单一、具体。强化法要改变的行为应是单一、具体且非常明确的，同时应保证强化物对该行为的强化。如果有多个目标行为要改变，则需要一个一个地进行改变，不可同时开展行为矫正。

2）强化法应适时、适当使用。对目标行为的强化应该在行为出现时进行，不可提前或延后。对目标行为强化的强度也要适当，强度过大可能造成动机过强或缺乏后期强化；强度过小则无法达到刺激的作用强度，可能使强化无效。

3）按需改变强化物。随着强化进程的推进，强化物可以由物质刺激变为精神奖励，待目标行为演变为习惯后，最终可以取消强化物。

2. 惩罚法

（1）实施过程

1）确定惩罚行为。惩罚的原则是对事不对人，在实施惩罚之前，要确定惩罚的具体行为，如孩子无故攻击、打骂同龄人。惩罚行为越具体、越明确，越有利于行为的矫正。在确定惩罚行为的过程中，要综合考虑以下几个因素：一是负性行为的特点，如严重程度、危险性、是否第一次发生等；二是个体自身的特点，如年龄、气质特点、是否存在发展障碍等；三是负性行为发生的环境，如公共场所、家庭、学校等；四是个体的行为动机，如是无意中发生的还是有意地好玩取乐等。

2）选择适当的惩罚物。惩罚能否让个体产生良性行为，关键是惩罚物的选择。在运用强化法时，要考虑个体喜好偏向，即在选择强化物时要注意个性化，所选强化物要适合个体的需要。同样，不同个体对不同刺激物的厌恶感受也是不一样的。因此，在制订惩罚计划时，所选择的厌恶刺激要适合来访者，这样才能产生行为矫正的效果。

惩罚物的选择可以同强化物选择过程中使用同样的方法，采用观察、访谈和问卷调查等方法。通过观察来访者平时的生活行为习惯，与来访者或来访者的监护人及照看者、关系密切者交谈，以及使用调查问卷等方式，可以帮助情绪疏导人员了解来访者厌恶的刺激物。惩罚物要具有适当的强度，强度过大或过小都会带来不良后果。另外，同一惩罚物连续使用之后个体可能产生习惯化问题，如孩子每次晚睡，母亲都会责备，久而久之，孩子对母亲的责备已经习惯了，这时责备就起不到惩罚的效果。

3）制定与惩罚方式一起使用的干预策略。在对负性行为进行惩罚时，最好能够结合对正性行为的强化。惩罚这种干预技术通过抑制去停止或者减少个体的负性行为。在惩罚过程中，个体可能意识到自己的负性行为，但也许并不清楚周围人期望的正性行为是什么。在现实生活中，个体之所以没有表现出正性行为，是并不知道在该环境条件下什么样的行为是被周围人所期望的。如果能够对正性的替代行为进行正强化，并通过发展适当的行为来代替负性行为，惩罚的效果就会更好。因此，在制订行为矫正计划的过程中，选择适当惩罚物的同时，要考虑替代负性行为的正性行为及其强化策略，以让惩罚发挥更好的作用。

（2）注意事项

1）及时性原则。要特别注意惩罚的时机，在负性行为发生之后或来访者刚刚表现出要发生负性行为的苗头时要立即实施惩罚，让来访者建立负性行为与惩罚物之间的关系，从而达到抑制负性行为的结果。

2）一致性原则。在个体出现负性行为之后，实施者的态度应该一致。若母亲坚持在教育孩子的过程中实施惩罚，而父亲不同意实施惩罚，就会减弱甚至抵消惩罚的效果，反而使个体的负性行为加剧。

3）对事不对人原则。对他人实施惩罚并不是一件愉快的事情，实施者很容易因惩罚对象的行为而情绪激动，这种情绪状态很容易导致实施者对惩罚对象本身发泄不满，而忽略了去惩罚某一行为。因此，在实施惩罚过程中，干预者要保持心态平和，冷静地去实施惩罚，明确告知对方负性行为是什么，对事不对人。

4）惩罚与强化相结合原则。当个体出现负性行为时，在进行惩罚的同时，还要采取一定的措施引导其表现出正性行为。只有对正性行为进行引导，个体才能真正知道恰当的行为是怎样的。

5）尽量遵循自然惩罚原则。即让行为所产生的自然后果来维持个体的正性行为。例如，孩子无故在规定的晚餐时间不吃饭，家长可要求孩子自己准备晚餐或吃变冷的饭菜，最终终止不准时吃晚餐的负性行为。

3. 消退法

（1）实施过程

1）确定维持来访者负性行为的强化物。在运用消退法之前，情绪疏导人员需要对来访者的负性行为进行分析，确定维持来访者负性行为的强化物。可围绕以下几个问题确定强化物：是否负性行为常常在来访者被提要求时发生？来访者是否因负性行为而获得了其他人的关注或者要求得到满足？是否负性行为与行为发生之前的环境以及社会性结果没有关联？如果来访者在被提要求时表现出负性行为，那么就可能是想通过这样的方式去逃避所厌恶的刺激物，这一维持行为的强化过程是负强化。如果来访者因负性行为而获得了其他人的关注或者要求得到满足，那么维持来访者负性行为的强化过程是正强化。如果来访者的负性行为与行为发生之前的环境以及社会性结果没有关联，那么通常来访者的强化与外在的刺激物没有关系，来访者所获得的是一种内部自动化的强化。对于某些负性行为来说，情绪疏导人员可能很容易找到维持这些负性行为的强化物。但是，有时候维持负性行为的是多个强化物，如上课时学生调皮捣蛋，可能因为有同学和老师给予关注，也可能是在逃避做作业、避免无聊等。

2）选择取消强化物的方法。如果负性行为是由负强化物维持的，且负强化物来自外界，就可以在行为发生之后继续提供厌恶刺激，使来访者不能逃避或回避相关任务要求。如果负性行为是由来自外界的正强化物维持的，就可以在行为发生之后不再提供这类强化物。对于内部自动化强化维持的行为，取消强化物会相对比较困难，需要情绪疏导人员仔细斟酌。注意，控制或者取消维持负性行为的强化物并不一定有效，在消退法不可行的情况下，需要考虑运用其他方法。

3）消退和强化相结合。一旦来访者的负性行为出现消退，就应及时予以正强化，让来访者体验到正性行为获得正强化的良好感受，这样来访者才有持续保持正性行为的动机。

4）结束消退程序。当负性行为减少并最终消失的时候，就可以逐步地结束消退程序。

（2）注意事项

1）在实施消退法之前，情绪疏导人员要做好充分的心理准备。来访者在负性行为消退的过程中可能表现出渐进性和爆发性的特点。渐进性是指负性行为的消退是渐进的过程，很可能缓慢减少甚至反复。爆发性是指在消退法实施的前期，负性行为发生的概率、持续时间和强度可能会暂时性地增大、延长和增强。这些情况都需要情绪疏导人员做好心理预期。

2）实施消退要保持一致性。情绪疏导人员、来访者以及其他参与人员需要共同商讨消退方案，达成共识。

4. 代币制法

（1）实施过程

1）确定目标行为。目标行为的确定是成功运用代币制法的前提条件。情绪疏导人员要确定正性目标行为和负性目标行为，当正性目标行为出现时给予代币奖励，当负性目标行为出现时要扣除一定数量的代币。所确定的目标行为应是可以测量和观察的，应可以确定具体的成功标准，且应是来访者目前完全有能力表现出的行为。

2）选择代币。确定代币是非常重要的一步。代币应是马上可以给予来访者的实物或者具有象征性的物品，如贴纸、小红花、小星星、积分卡、计分符号等。如果代币是实物，则通常是比较轻便、容易携带的，如贴纸、小星星等。而象征性的物品如积分卡、计分符号等，除了能够在行为发生之后马上给予来访者，还能够让来访者进行计数并计算出价值。

选择代币时遵循以下几个原则：一是所选择的代币在使用过程中应是安全的，比如对于幼儿来说，安全的代币是不能被吞咽或引起外伤的物品；二是只有情绪疏导人员才能控制代币的发放，来访者不能复制这些代币；三是因为代币通常需要经过累积才能进行交换，所以选用的代币应能够保存一定时间；四是代币在来访者行为发生时很容易被情绪疏导人员拿到并及时发放；五是制作代币不需要花费很多金钱和精力；六是代币本身应不具有吸引力，不会分散来访者对代币及行为本身的注意，不会削弱代币的强化作用。

3）确定后援强化物。情绪疏导人员可通过日常观察、访谈的方式来确定后援强化物，选择的强化物应尽量避免物质化，同时需要遵守伦理道德规范。通常在来访者的经济能力范围内选择对其成长具有强化价值的后援强化物。

4）拟订代币兑换表。明确行为与代币之间的兑换关系，明确代币与后援强化物之间的兑换关系。代币兑换表应具体到什么行为可以获得多少代币，多少代币可以换得什么强化物。情绪疏导人员可以根据行为的难易、重要程度对行为的价值进行确定。

5）决定是否使用反应代价以及反应代价的具体内容。运用代币法时，为了促进来访者正性行为的建立和负性行为的消除，可以将强化和惩罚有机结合起来，促进实施惩罚。因此，可以考虑纳入惩罚机制，如当来访者表现出负性行为时，需要交出多少原本已经拥有的代币。

6）实施代币制法。首先，情绪疏导人员需要向来访者介绍整个代币交换系统，并示范代币发放和兑换过程。其次，实施时要遵循强化的一些基本原则，如及时性原则、一致性原则等。最后，使代币退出，先将社会强化物如口头表扬、认可地点头、拥抱、赞许的微笑等与代币结合，然后在代币退出之后用其来维持行为，逐渐减少代币和削弱代币的价值。

（2）注意事项

1）要特别考虑幼儿或存在严重障碍的来访者的实际情况，确保代币是安全的。

2）做好代币的管理工作。要教会来访者管理自己的代币，有时候来访者可能会将代币当作玩具或储藏代币，这些行为都不利于代币制法的实施。

3）保证后援强化物的有效兑换。在来访者获得足够的代币后，应保证其兑换一定的后援强化物，以使代币真正成为条件强化物而获得强化价值。

4）反应代价不是代币的必要组成部分，应根据实际情况决定是否使用。

情绪疏导

情景演示

【情景一】强化法的实施

一般资料：11岁男孩，小学五年级，上课经常走神，不能集中注意力，由老师陪同前来寻求帮助。

（1.确定强化的目标行为。因为来访的学生为未成年人，其求助问题主要集中在学习上，所以情绪疏导人员先同其老师进行会谈。）

情绪疏导人员："您好，为了更好地帮助孩子，我想先了解一下孩子目前注意力的具体情况是怎样的？"

来访者（老师）："孩子上课时大多时间都在做小动作、和同学说话，有时候还会离开座位，基本没有将注意力集中在课堂上。"

情绪疏导人员："那就是说，孩子目前在课堂上的注意力集中时间基本为零，是吗？"

来访者（老师）："是的。"

情绪疏导人员："您期待孩子具体做出什么样的行为改变？比如在什么情况下希望孩子能集中注意力？注意力要维持多长时间？"

来访者（老师）："我希望孩子在老师讲课时能坐在座位上，并看着老师。"

情绪疏导人员："好的，我们就将强化的目标行为确定为老师讲课时孩子能坐在座位上，且孩子能看着老师。"

（2.明确强化物，制定强化物清单。）

情绪疏导人员："孩子在上课过程中有没有表现得比较好的时候？"

来访者（老师）："有，在我对他微笑或在班级表扬他的时候。"

情绪疏导人员："看来你很喜欢老师对你微笑和在班级表扬你，是吗？"

来访者（学生）："是的。"

（3.根据矫正计划实施强化。）

情绪疏导人员："现在我们共同做一个约定，你如果在老师讲课时能坐在座位上并看着老师，老师就会对你微笑，并在班级里面表扬你，你可以做到吗？"

来访者（学生）："可以。"

情绪疏导人员："若孩子上课坐在座位上听老师讲课并看着老师的时间有所增加，老师可以提出新的要求，比如只有当孩子坐在座位上听老师讲课并看着老师超过5分钟,老师才会对他微笑并在班级里表扬他。循序渐进,逐渐养成孩子上课集中注意力听讲的习惯。"

来访者(老师):"好的。"

(4. 追踪评估。情绪疏导人员可以在会谈结束后的两周、一个月、三个月分别打电话回访,了解孩子行为的改善情况,如良性行为是否形成,所习得的良性行为能否维持,是否能够发挥主观能动性将强化法扩展到日常生活其他情景中。)

【情景二】惩罚法的实施

一般资料:赵某,32岁,女,某机关公务员;小军,5岁男孩,幼儿园中班学生。母子共同前来求助。母亲自诉小军经常在要求没有被满足的情况下,通过撒泼打滚的方式获得要求的满足。每次孩子撒泼打滚,母亲就满足孩子的要求,久而久之,孩子撒泼打滚的行为就越来越多。母亲知道这样做不合适,可是也没有更好的办法。

(1. 确定惩罚行为。因为负性行为具体而单一,所以惩罚行为也很明确,即撒泼打滚。)

(2. 选择适当的惩罚物。因为前来求助的是一对母子,且孩子年龄尚小,所以以下会谈是在情绪疏导人员和家长之间进行的。)

情绪疏导人员:"为了更好地帮助到您的孩子,我想了解一下,当孩子表现出撒泼打滚的行为时,您是怎样处理的呢?"

来访者(家长):"我会被他搞得很烦躁,最后不得不满足他的要求,哪怕是不合理的要求。"

情绪疏导人员:"从您的角度来说,您想通过满足孩子要求的方式来减少孩子的负性行为,是吗?"

来访者(家长):"是的,我也没有其他办法了。"

情绪疏导人员:"我能感受到您的无奈。现在我们共同来商定一个方案,尝试让孩子的负性行为得到改善,您看可以吗?"

来访者(家长):"可以。"

情绪疏导人员:"孩子每次撒泼打滚之后都会有相应要求的满足,这就等于孩子的负性行为得到了正强化,会增大孩子负性行为发生的概率。那么我们想减少孩子的负性行为,您觉得我们可以从哪里打破这个强化过程呢?"

来访者(家长):"那就只有不满足他的要求了。"

情绪疏导人员:"很好,一般孩子的要求会是什么呢?"

情绪疏导

　　来访者（家长）： "一般就是想看电视、玩游戏或者买玩具等。"

　　情绪疏导人员： "当孩子通过撒泼打滚的方式来满足自己要求时，我们可以怎么做？"

　　来访者（家长）： "可以直接减少看电视、玩游戏等的时间或不买玩具。"

　　情绪疏导人员： "很好，当孩子表现出负性行为时，我们可以通过剥夺孩子喜欢的某个活动或物品的获得权，来避免孩子负性行为的重复或增多。"

　　来访者（家长）： "那我是不是可以和孩子有一个约定，若孩子一旦出现了撒泼打滚的行为，我就明确告诉孩子，他将在一天内不可以看电视或者玩游戏。"

　　情绪疏导人员： "是的，这是在取消孩子喜欢的强化物。要注意，这个明确告知要在孩子撒泼打滚行为发生之前或即将发生时，而不是该行为发生之后。"

　　（3.制定与惩罚方式一起使用的干预策略。）

　　情绪疏导人员： "我们对孩子的负性行为进行惩罚的同时，对孩子的正性行为也要给予强化。在这个过程中，若孩子表现出良好行为，比如他某一次想买玩具，但并没有撒泼打滚，您觉得如何做会比较合适呢？"

　　来访者（家长）： "这个时候可以表扬孩子。"

　　情绪疏导人员： "对的，可以及时予以表扬。如果孩子要求合理，建议可以给孩子买玩具，以让孩子意识到可以通过商讨的方式获取自己想要的物品。"

　　来访者（家长）： "我明白了。"

　　【情景三】消退法的实施

　　一般资料： 李某，30岁，全职妈妈；阳阳，7岁男孩，小学一年级学生。母子共同前来求助。母亲自诉阳阳每天晚上睡前都要父母陪伴2小时左右，父母一旦离开，阳阳就会大发脾气、大哭大闹，直至父母前来安抚才能安然入睡。

　　（1.确定维持来访者负性行为的强化物。因为前来求助的是一对母子，且孩子年龄尚小，所以以下会谈是在情绪疏导人员和家长之间进行的。）

　　情绪疏导人员： "孩子每次大发脾气、大哭大闹后，您的做法是什么？"

　　来访者（家长）： "我会赶紧过去陪伴他，安抚他。"

　　情绪疏导人员： "那您觉得您的陪伴、安抚和他发脾气、哭闹之间的关系是怎样的呢？"

　　来访者（家长）： "孩子发脾气、哭闹，我就会去陪伴、安抚，所以孩子想让我陪伴就会发脾气、哭闹……"

情绪疏导人员："您分析得很好。陪伴安抚对于孩子来说就是强化物，在强化孩子的发脾气、哭闹行为。"

（2. 选择取消强化物的方法。）

来访者（家长）："那当下一次孩子再出现这种情况时，我该怎么做比较合适呢？"

情绪疏导人员："孩子的负性行为是由您的陪伴、安抚维持的，所以建议您在孩子发脾气、哭闹时不再陪伴安抚，但是您要提前告知孩子，明确说明父母晚上不会再进入他的房间陪他入睡，他需要自己睡觉。您愿意尝试吗？"

来访者（家长）："我可以试试。"

情绪疏导人员："当然，您也要做好心理准备，孩子前两个晚上会哭闹得比较久。但越往后哭闹行为会越减少，直至完全消失。"

（3. 消退和强化相结合。）

来访者（家长）："这对孩子来说确实是一个大的转变，这个过程我有没有需要特别注意的？"

情绪疏导人员："在这个过程中，前期对于您和孩子都是比较困难的。我们在不给予孩子哭闹行为关注的同时，也要关注孩子的正性行为。当孩子某一个晚上不哭闹就自行入睡了，我们要给予及时的正强化，如称赞、拥抱等。"

（4. 结束消退程序。当负性行为减少并最终消失的时候，就可以逐步地结束消退程序。）

【情景四】代币制法的实施

来访者：张某，35岁，全职妈妈；思思，10岁女孩，小学四年级学生。母女共同前来求助。母亲自诉思思生活习惯不好，不爱整洁，每天房间都是乱糟糟的，不懂得整理自己的文具、书本、玩具等物品，这一不良行为让母亲很苦恼。

（1. 确定目标行为。）

情绪疏导人员："您可以具体说一下，您期待孩子做出哪些行为变化呢？"

来访者（家长）："我希望孩子写完作业能自己整理书本，玩完玩具能自己将玩具收拾整齐，早上起床后能自己叠被子，还有每天早上记得戴红领巾。"

情绪疏导人员："那就是说，孩子的目标行为包括写完作业自己整理书本、玩完玩具自己收拾整齐、早上起床自己叠被子、早上上学自己戴好红领巾。"

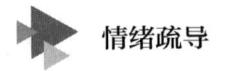

来访者（家长）："是的。"

（2. 选择代币。）

情绪疏导人员："根据您孩子的情况，我们可以运用代币制法，即当孩子表现出正性行为时给予积分，表现出负性行为时扣除积分，您愿意尝试一下吗？"

来访者（家长）："可以试试。"

（3. 确定后援强化物。）

情绪疏导人员："为了更好地帮助到您的孩子，我们在实施这一方法前，需要了解一下您孩子平常主要对什么感兴趣？比如哪些活动或物品比较吸引她？"

来访者（家长）："她比较喜欢游泳、看电视、吃快餐、买芭比娃娃。"

情绪疏导人员（问孩子）："这些确实是你喜欢的吗？"

来访者（孩子）："是的。"

情绪疏导人员："好的，我们将选用游泳、看电视、吃快餐、买芭比娃娃作为后援强化物。"

（4. 拟订代币兑换表。根据具体情况，情绪疏导人员和来访者共同商定的代币兑换表见表6-4。）

表6-4　　　　　　　　代币兑换表

行为	代币积分	后援强化物
写完作业自己整理书本	+2	6积分可以看半小时电视
玩完玩具自己收拾整齐	+2	10积分可以游泳一次
早上起床自己叠被子	+2	20积分可以吃一次快餐
早上上学自己戴好红领巾	+1	40积分可以买一个芭比娃娃

（5. 决定是否使用反应代价以及反应代价的具体内容。加入反应代价后的代币兑换表见表6-5。）

表6-5　　　　　加入反应代价后的代币兑换表

行为	代币积分	后援强化物
写完作业自己整理书本	+2	6积分可以看半小时电视
玩完玩具自己收拾整齐	+2	10积分可以游泳一次
早上起床自己叠被子	+2	20积分可以吃一次快餐
早上上学自己戴好红领巾	+1	40积分可以买一个芭比娃娃

续表

行为	代币积分	后援强化物
写完作业忘记整理书本	-1	6积分可以看半小时电视
玩完玩具没有收拾或没有收拾整齐	-1	10积分可以游泳一次
早上起床忘记叠被子	-1	20积分可以吃一次快餐
早上上学忘记戴红领巾	-1	40积分可以买一个芭比娃娃

（6. 实施代币制法。）

情绪疏导人员："这就是我们的方案，此方案是希望思思能够养成良好的行为习惯，我想思思也希望自己是一个拥有好习惯的孩子。这个方案需要你们共同来执行，所以需要家长和思思签名确认。同时请家长帮助思思做好积分记录，如果思思积累了一定数量的积分，需要更换强化物，请家长按照方案执行。"

来访者（家长和孩子）："明白了。"

学习单元 5

正念疗法

知识要求

正念一词是从坐禅、冥想、参悟等发展而来的。正念本意是指有目的、有意识地关注、觉察当下的一切,但对当下的一切又不做任何判断、任何分析、任何反应,只是单纯地觉察它、注意它。正念疗法就是以"正念"为基础的心理疗法。在正念疗法中,正念是指用特定方式去投入注意力而产生的对当下的温和觉察。

一、正念疗法的原理

正念疗法的原理是顺其自然地去觉察和体验自己的感觉,接受事物本来的样子而不加任何评判,只留意和体会当下的感受。这个原理强调了以下三方面内容。首先,正念是一个觉察过程,而不是一个思考过程。它是将意识或注意力停留在当下的体验中,而不是"困"在想法里。其次,正念强调开放和好奇的态度,即使个体在当下经历了种种困难、痛苦或者不愉快,也可以用开放的态度接纳它,以好奇的态度去了解它,而不是逃避或与它战斗。最后,正念强调灵活地注意,它能够扩大注意力范围或者把注意力聚焦于不同方面。

二、正念疗法的实施过程

1. 准备工作

情绪疏导人员准备以下几类物品：瑜伽垫、坐垫（或蒲团）、枕头、盖毯；靠背椅、冥想凳、放松椅；铜铃；葡萄干（或其他食物）、一次性水杯。

几类物品的具体用途如下：瑜伽垫、坐垫（或蒲团）、枕头、盖毯是在进行身体扫描、坐姿冥想、正念瑜伽、正念伸展、正念行走等练习时使用的；靠背椅、冥想凳、放松椅是在进行正念呼吸、正念静坐、身体扫描等练习时使用的；铜铃是在指导语的始末起提醒作用的；葡萄干（或其他食物）、一次性水杯用于正念进食、正念喝水。

2. 情绪疏导人员介绍正念疗法

情绪疏导人员向来访者简要介绍正念疗法的原理、实施过程及可能遇到的问题，在征得来访者同意的前提下引导其开始进行正念练习。

3. 情绪疏导人员进行示范

情绪疏导人员在指导来访者进行正念练习时，需要自己先做出示范，并讲解要点及注意事项。

4. 情绪疏导人员进行指导

由情绪疏导人员讲述指导语，从最简单的正念呼吸开始练习，正念呼吸是基础，等基础打好了才可以尝试其他方法。

5. 来访者自行练习

每天至少进行一次正念练习，最好是在早晨或晚上不受干扰的时间练习。选择早晨练习，可以帮助来访者以积极的心态开始新的一天。如果来访者睡眠质量不佳，可以选择在晚上练习。

三、正念疗法的注意事项

1. 保持身体舒适

推荐穿宽松的服装，确保身体处于舒适状态。

2. 一次只练习一种方法

可以从最简单的正念呼吸开始练习,如果还没有掌握该方法则不要去尝试其他方法。

3. 尽量在光线较暗的房间练习

一般在昏暗的房间里练习比较好。因为即使人闭上眼睛,在阳光下还是能感受到部分暗红色的光,而避免光线的干扰,能更容易向内集中注意力。

4. 切莫评价

人的天性就是喜欢评价一切事物,包含感受体验等。如果总是去评价自己的感受,特别是在练习思维或情绪正念冥想的时候,就会破坏整个冥想过程。

5. 将负面情绪扼杀在摇篮中

不能任由消极情绪蔓延,当人受困于自己的消极情绪中时,要马上练习正念冥想,以摆脱负能量,让自己保持清醒的意识和积极的心态。

6. 不轻言放弃

应鼓励来访者不断尝试,坚持练习。即使来访者刚开始很难进入正念状态,也不要轻言放弃。要想进入真正的正念状态,来访者需要保持耐心和信心,把时间和注意力投入进去。

技能要求

葡萄干练习

一、操作准备

情绪疏导人员选择一个环境安静整洁、陈设简单、光线柔和、没有其他干扰的房间,并准备一颗葡萄干(或者其他食物)。

二、操作步骤

步骤1 情绪疏导人员向来访者介绍葡萄干练习的原理

葡萄干练习是把温和的觉察带入以往的生活经验,让个体意识到生活经验发生了改变,生活经验可能变得更加丰富、更加有趣。该练习可以帮助个体觉察那些原本可能错失的事物,让个体有可能更早地识别各种负面情绪的信号。

步骤 2 情绪疏导人员指导来访者进行葡萄干练习

(1)看。请以一个舒服的姿势坐下,仔细看葡萄干,用全部的注意力认真、仔细地观察。

(2)摸。触摸葡萄干的表面去感受它,可以用手指轻轻地滚动它,觉察葡萄干的质地。

(3)闻。仔细闻闻葡萄干的香味。

(4)吃。把葡萄干放入口中,觉察舌头与葡萄干接触的感觉,感受吃的过程。

如果来访者之前是闭着眼睛的,那么现在可以让其睁开眼睛再次环顾周围环境,结束练习。

步骤 3 来访者反馈练习情况

可以参考以下问题向来访者提问并与其讨论:您的体验如何?您觉察到了怎样的感觉或情绪?这次体验与您平常吃东西的体验有何不同?在进行葡萄干练习时,您的注意力都放在哪里了?

正念呼吸练习

一、操作准备

情绪疏导人员选择一个环境安静整洁、陈设简单、光线柔和、没有其他干扰的房间,并以一个挺拔的姿势坐着或站立。

二、操作步骤

步骤 1 情绪疏导人员向来访者介绍正念呼吸练习的原理

正念呼吸练习使个体学会将注意力调整到呼吸上,可以让个体摆脱习惯化的行为和想法,重新回到当下。

步骤 2 情绪疏导人员指导来访者进行正念呼吸练习

(1)进入觉察状态。请觉察自己身体的状态,用意识去关注身体的感觉。

(2)关注呼吸的感觉。请把注意力放到腹部的生理变化上面来,感受腹部随着每一次的吸气和呼气所产生的起伏,让身体自然地呼吸,尽可能让注意力停留在腹部。

即使思维游离,注意力已离开腹部而不再关注呼吸运动,也不必紧张,只要在每一次觉察到思维游离时,将注意力重新拉回到吸气和呼气的生理感觉上就可以,即通过对呼吸的觉察让思维重新回到当前的状态中来。

(3)关注身体的感觉。现在将觉察的范围扩展到腹部以外,除了觉察到呼吸,还

应觉察到全身的其他感觉，身体的姿势、面部的表情等。在今天的余下时间中，尽量维持这样的觉察范围。

步骤3 来访者反馈练习情况

可以参考以下问题向来访者提问并与其讨论：在练习过程中您都思考了什么？有没有将思考拉回到当下？您关注到了哪些身体感觉？您体验到了哪些情绪和感受？

三、操作建议

在来访者掌握了正念呼吸练习的技巧后，还可以拓展正念行走练习。

身体扫描练习

一、操作准备

情绪疏导人员选择一个环境安静整洁、陈设简单、光线柔和、没有其他干扰的房间，在地板上铺一个厚垫子并平躺下来，双腿伸展，双脚自然分开，双臂放在身体两侧。

二、操作步骤

步骤1 情绪疏导人员向来访者介绍身体扫描练习的原理

身体扫描是一种躺姿的冥想练习，个体需要直接而系统地对自己身体的各个部位逐一进行觉察，从而能够和自己身体的当前状态建立亲密、友好的关系，培养一种全新的经验性认知方式。

步骤2 情绪疏导人员指导来访者进行身体扫描练习

（1）进入冥想状态。随着每一次的呼吸，体验身体的触觉，感受脚后跟、腿、臀部、后背、肩膀、后脑勺以及手臂与厚垫子接触部位的感觉。

（2）感受腹部。将注意力集中在腹部，感受腹部的呼吸。

（3）感受左脚。将注意力转移到左大腿，沿着腿部向下移动到大脚趾；将注意力转移到小脚趾，再扩展到左脚的全部脚趾；将注意力转移到左脚的脚底，注意脚后跟与厚垫子接触的部位；将注意力转移到脚踝、脚背；感受整个左脚。

（4）感受左腿。将注意力转移到左小腿，再扩展到腿肚子的肌肉上；将注意力转移到左膝关节，再扩展到整个左大腿；将注意力集中在左大腿的肌肉上。

（5）感受右脚。将注意力转移到右大腿，沿着腿部向下移动到大脚趾；将注意力转移到小脚趾，再扩展到右脚的全部脚趾；将注意力转移到右脚的脚底，注意脚后跟与厚垫子接触的部位；将注意力转移到脚踝、脚背；感受整个右脚。

（6）感受右腿。将注意力转移到右小腿，再扩展到腿肚子的肌肉上；将注意力转移到右膝关节，再扩展到整个右大腿；将注意力集中在右大腿的肌肉上。

（7）感受骨盆。将注意力转移到整个骨盆区域，先将意识专注于臀部，再将意识专注于生殖器区域。

（8）感受腰部。将注意力转移到腰部。

（9）感受背部。将注意力扩展到背部，感受背部与厚垫子接触的感觉。

（10）再次感受腹部。关注腹部，体会腹部的感觉。

（11）感受胸部。将注意力转移到肋骨和胸腔。

（12）感受手部。将注意力转移到手部，感受手背、手指以及整个手掌；将注意力转移到手腕。

（13）感受手臂。先将注意力集中于左、右小臂，再将注意力集中于左、右上臂。

（14）感受肩颈。将注意力集中于肩膀，再扩展到颈部，尤其要体会喉咙的感觉。

（15）感受面部。将注意力转移到面部，注意下巴以及从下巴到耳朵前部的部位；感受嘴唇，将注意力转移到嘴巴内部；关注鼻子；关注眼睛、眉毛以及眉心；将注意力转移到太阳穴、额头；体会整个面部以及头顶的感觉。

（16）结束感受。现在呼吸，花几分钟时间体会一下全身的感觉，允许自己保持此刻的状态。然后慢慢睁开眼睛，结束练习。

步骤3　来访者反馈练习情况

可以参考以下问题向来访者提问并与其讨论：在身体扫描过程中您都思考了什么？您关注到哪些身体感觉？您体验到哪些情绪和感受？

步骤4　来访者自行练习

当来访者已经学会至少三种正念疗法的练习方法后，情绪疏导人员可为其提供一份纸质版（或音频版、视频版）指导语，请来访者在日常生活中进行练习。建议每日练习1~2次，坚持练习。可能开始几次的练习并不能使来访者很好地调整情绪状态，需要多次重复练习才会有效果。

思考题

1. 放松训练的实施过程是什么？
2. 合理情绪疗法中修正不合理信念的常用方法有哪些？
3. 系统脱敏疗法的实施过程是什么？
4. 常用的简易行为矫正方法有哪些
5. 正念疗法的实施过程是什么？

培训任务 7

情绪疏导方案的实施

学习单元 1

团体情绪疏导方案的设计和实施

知识要求

设计团体情绪疏导方案时应与督导、经验丰富的领导者及同行及时进行讨论,寻求指导,适时修正。团体情绪疏导方案的设计要达到完美无缺是非常困难的,即使是理想的方案,在实施时也可能产生问题。但是,设计前周全的考虑、规划是必要的,团体建成后情绪疏导方案的评估与修正更是不可或缺的。高效的团体领导者应善于学习、乐于自省、勤于观察,这样才能发挥团体辅导的功能,确保团体成员的权益。

一、团体情绪疏导方案的设计原则

由于不同的团体领导者有不同的领导理念、个性、习惯、经验、技巧和专业水平,因此在设计团体情绪疏导方案时应遵循下列原则。

1. 团体领导者要了解自己的人格特质能力、偏好及领导风格。

2. 团体领导者要了解自己所带团体的性质及目标。

3. 团体领导者要评估自己与所带团体之间的适配性。即领导者必须选择、设计自己熟悉或有把握带领的活动,避免带领不了解、不熟悉的团体活动。通常在设计情绪疏导活动方案时,团体领导者至少要实际操作一遍方案内容,以积累经验。

4. 如果有多个团体领导者,在设计方案时应明确各自的分工,同时充分沟通、讨论。

5. 团体情绪疏导方案的设计内容包括整个团体情绪疏导过程及每次团体聚会的计划。

6. 团体情绪疏导方案要切合实际、具体可行,要围绕团体的性质与目标进行设计。

7. 团体情绪疏导方案内各项活动的设计要有一致性,前后连贯。通常要遵循由易到难、由浅到深的原则,由人际表层互动到自我深层经验,由行为层次、情感层次到认知层次,渐进式引导成员融入团体,开展团体活动。

8. 团体情绪疏导方案的设计应考虑成员的特点,如性别、年龄、表达能力、职业背景等因素。一般而言,不同特点的团体,其疏导方案设计的重点也有差异。

9. 设计团体情绪疏导方案时要有弹性及安全性考虑,避免团体辅导过程受阻或对成员造成身心伤害。

10. 设计团体情绪疏导方案时,活动选择应考虑成员的需求、团体的目的和预期的结果。团体活动不是团体娱乐,不应只选择有趣好玩、使人兴奋或产生高昂情绪的活动。注意,团体活动是达成团体目标的手段或方法。

二、团体情绪疏导方案的设计步骤

团体情绪疏导方案的设计同团体心理辅导方案的设计一样,均无固定统一的步骤。樊富珉教授根据多年积累的带领和教授团体心理辅导的经验,将团体心理辅导方案的设计步骤进行了整理,本书所列的团体情绪疏导方案设计步骤借鉴了樊富珉教授的经验。

1. 了解服务对象的潜在需求

要实施团体情绪疏导,必须先了解服务对象(如企业员工、公务员、神经症患者等)的潜在需求。情绪疏导人员可以结合所接个案的困扰问题或各类服务对象普遍关注的问题,分析团体情绪疏导是否有组织的必要。例如,对那些人际关系欠佳的人通过团体情绪疏导进行社交技巧训练,为其提供丰富的人际互动和模仿演练的机会,较易获得显著的疏导效果。有效的需求了解方式是直接对相关人群进行观察或评估,通过观察、问卷调查、心理测验等方法都可以了解情绪疏导的需求。还有一类了解需求的方法是对服务对象进行间接调查,如学校心理辅导人员在与家长接触的过程中,或企业心理辅导人员在与管理者接触的过程中,通过会谈或问卷调查等方法,可以找出他们所关心的学生或员工的适应问题。此外,如果在短时间内了解到多人对同一问题

 情绪疏导

表达关切,也表示该问题有较大的关注度,值得进一步探讨。在充分了解服务对象潜在需求的情况下,组织团体情绪疏导才能为团体成员提供更多的帮助。

2. 确定团体的性质、主题与目标

参考以下问题,了解与评估服务对象的需求,然后确定团体的性质、主题与目标。情绪疏导针对什么人?他们的基本信息(如年龄、职业、性别等)是什么,在心理方面存在哪些问题?想要解决什么问题?希望达到什么目标?团体属于发展性的、训练性的还是治疗性的?组织同质团体有利,还是异质团体有利?

3. 收集相关文献资料与同类团体方案

当团体的性质、主题和目标确定后,情绪疏导人员就要通过查找相关资料,为团体情绪疏导方案的设计提供理论支持。同时,要了解同类团体的疏导情况,如有哪些可以借鉴的经验?有哪些需要注意避免的问题?

4. 初步完成团体情绪疏导方案的设计

在充分收集上述资料后,情绪疏导人员需要思考和讨论解决目标问题所涉及的各类因素。例如:带领团体进行情绪疏导对领导者及其助手的要求是什么,领导者与助手如何分工?团体情绪疏导以何种形式进行?什么时候组织团体情绪疏导比较合适?团体情绪疏导进行的地点在哪里,环境条件如何,有无后备场地?团体成员招募采用哪些方法,是否实施甄选?团体情绪辅导效果采用什么方法进行评估?所选测验表是否容易获得?团体情绪疏导需要哪些花销,有无预算?团体活动所需的各种道具是否具备?在以上问题有讨论结果的基础上,初步完成团体情绪疏导方案的设计。

5. 规划团体情绪疏导整体活动框架及进程

通过完成团体情绪疏导进程规划和团体活动单元计划表,规划团体情绪疏导的详细流程,认真安排每次团体活动。团体活动要引导成员经历经验学习的四个阶段,包括:个人总结经验;与他人分享自己的经验,回顾与整理自己的感受和看法;自行归纳、分析一些概念、原则或产生新的自我领悟;尝试将新的自我领悟或前面所习得的概念和原则应用到团体情绪疏导之外的情景中,以达到预定的目标。

由于领导者的带领、成员的反应、活动引发及累积的效果均会影响团体情绪疏导的进程,因此,同样的设计实施于不同团体时可能会有不同的情况及结果出现。故领导者需要准备一些备用的团体活动,并视团体发展的情况来弹性调整原计划。同时,还要准备每一次团体活动的大纲及必需的材料。

6. 设计团体成员招募广告

在完成团体情绪疏导方案的设计后，就要开始设计团体成员招募广告。一般情况下，发展性、教育性、预防性的团体针对人格健全者，团体目标也是比较共性的，可使用广告招募。

7. 对团体情绪疏导方案进行试用与修订

在有督导的情况下，将设计好的团体情绪疏导方案在由同行组成的试验性小团体中试用一次，与督导、同行讨论试用结果，再加以修改完善。

三、团体情绪疏导方案的设计内容

团体情绪疏导方案的设计内容见表 7–1。

表 7–1　　　　　　　　　团体情绪疏导方案的设计内容

序号	设计项目	设计内容
1	团体性质与名称	结构化程度等以及学术名称、宣传名称
2	团体目标	总目标、阶段目标、活动目标
3	团体领导者	学术背景、带领团体经验、人数
4	团体成员与规模	团体成员特征、人数
5	团体活动时间	计划总时间、次数、间隔
6	团体活动地点	场所要求、环境布置、座位排列
7	理论依据	理论名称、主要观点
8	团体情绪疏导效果的评估方法	评估工具、评估时间、评估内容
9	活动方案	团体情绪疏导进程规划、团体活动单元计划表
10	其他内容	经费预算、宣传品、成员申请表、团体契约书、评估工具和相关资料等

1. 团体性质与名称

要明确团体性质是半结构式还是结构式，是发展性、训练性还是治疗性，是开放式还是封闭式，是同质还是异质，等等。团体名称包括学术名称和宣传名称。学术名称要体现团体的真实目标和对象。宣传名称力求新颖独特、生动活泼，具有吸引力且容易理解，尽量使用正性词语，切勿使用负性词语，注意避免"标签化"。例如，离异者组织的情绪疏导团体，学术名称可为"离异团体情绪疏导"，但在宣传名称中最好不要出现离婚、离异之类的负性词语，可使用隐喻的、有积极含义的说法，如"重建美好情感""在爱中成长"等。

2. 团体目标

团体目标分为总目标、阶段目标和活动目标。总目标是团体情绪疏导的改变方向，阶段目标是根据团体发展历程而设定的，活动目标是指每一项团体活动的具体目标。例如，"五彩心情——情绪疏导之认识情绪"的总目标是帮助成员了解自己的情绪，并学会管理情绪；创始阶段的目标是相识、建立团体规范，初步形成良好的团体氛围；每项活动都有相应的目标，如活动"情有可原"的目标是帮助成员觉察并表达自己的情绪，同时思考情绪产生的原因。

3. 团体领导者

建议在团体情绪疏导方案中体现领导者的基本信息，包括领导者的人数、学术背景以及带领团体经验。领导者的人性观、人格特征、人际沟通模式及其对理论的理解程度等，都会对团体效能产生不同的影响。因此，为了保证团体效能的实现以及成员的利益不受损害，在条件允许的情况下最好聘请经验丰富的相关领域专家担任督导，以随时为团体领导者提供专业性的指导。也可以邀请同行或初学者担任观察员，为团体领导者提供客观、多视角的反馈资料，以协助团体领导者更好地带领团体和提升专业技能。

4. 团体成员与规模

团体情绪疏导方案需要根据对象的需求和问题来设定团体目标，所以要明确成员的类型、甄选方式以及人数。

成员类型包括成员的性别、年龄、身份、问题性质等。团体情绪疏导方案需要根据成员特点来设计。对于成员年龄较小的团体，倾向于设计动态性的活动（如中小学生团体）；对于成员年龄较大的团体，倾向于设计静态性的活动。对于成员为同性的团体，可设计身体接触的活动；对于成员为异性的团体，可设计分享性活动。对于成员异质的团体，需要设计多元化活动；对于成员同质的团体，需要设计情感类、主持类活动。对于成员学历较高的团体，倾向于设计认知性、学习性活动；对于成员学历较低的团体，倾向于设计技能性、训练性活动。

成员甄选是指在自愿的前提下，团体领导者对有意向参与的成员进行甄选，最终确定参与成员。在甄选环节，需要考虑参与成员的性别比例、彼此熟悉程度、知识能力水平、行为表现、同质程度等因素。一般来说，具备以下条件的成员可优先参与团体：自愿参加、成长动机强、能与他人友好相处、没有明显心身疾病、参与动机与团体性质吻合、过去参与过类似团体、能够较为流畅地进行语言表达、没有与其他成员有差异的独特特征（如唯一的离婚成员、唯一的已婚成员等）。丧失对现实知觉的精神病患者、严重神经症患者、情绪极不稳定的人、处于危机状态下的人都不适合参与团体情绪疏导。

团体情绪疏导效果是否理想与团体规模有直接关系。团体规模过小，成员人数太少，团体活动的丰富性及成员交互作用的范围欠缺，成员会感到无聊、乏味，没有收获的感觉；团体规模过大，成员人数太多，团体领导者就难以关注到每一位成员，成员之间往往沟通不顺畅，且没有足够的时间分享和交流，团体凝聚力不易形成，尤其是在探讨原因、处理问题、学习技能时，过少的交流会让团体情绪疏导流于形式而片面化、表面化，进而影响疏导效果。

一般来说，决定一个团体规模的因素具体如下。一是成员的年龄及背景。按年龄来考虑，少年团体人数以 3~5 人为宜；青年团体人数以 8~15 人为宜；中年团体成员在性格、情绪和行为上多趋于平稳，在家庭和社会上具有较为明确的角色，团体规模的大小可视团体目标而定。二是领导者的经验及能力。对于初学者与经验不足的领导者来说，小规模的 5~6 人团体较为合适；对于经验丰富、能力较强的领导者来说，团体规模可稍微扩大。三是团体的类型。如果团体是开放式的，人数一般较多，因为团体成员是不断流动的，为了保证成员之间有足够的交流机会，应保证一定的人数；如果团体是封闭式的，参与人数不宜过多，以 8~12 人为宜。如果是大团体，可以分成多个 7~8 人的小团体分别进行情绪疏导，但小团体中要有协同领导者或者助手，以保证团体活动进程始终沿着团体目标的方向发展。四是目标的类型。团体情绪疏导主要是以训练和发展为目标。以训练为目标的团体人数一般以 10~12 人为宜，以发展为目标的团体人数一般以 12~20 人为宜。

5. 团体活动时间

团体情绪疏导的活动时间安排主要包括每次活动时长及活动频率。一般而言，团体情绪疏导活动总体安排 8~10 次，每周 1~2 次，每次 1.5~2 小时，持续 4~10 周为宜。团体每次活动持续时间的长短主要取决于团体性质和成员年龄。儿童注意力不容易集中、兴趣易转移，所以针对儿童团体，活动次数最好较多，每次活动时长以 30~40 分钟为宜。青少年的注意力和耐性仍与成年人有一定差异，青少年团体活动以每周 1 次、每次 1~1.5 小时为宜；中年团体活动以每周 1 次、每次 1.5~2 小时为宜。

6. 团体活动地点

一般而言，团体情绪疏导场所的选取和布置应考虑舒适性、功能性、保密性、互

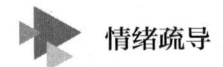

动性、非干扰性几个方面。基本要求是具备一间宽敞、明亮、整洁、温度适宜的房间，最好有隔音设备，无固定桌椅。房间内成员可以席地而坐，随意围成一个大圆圈或分组围坐成若干个小圆圈。足够大的活动场所方便成员走动或开展相应活动。场地尽量避免设置在人群集中的地方，这样能够很好地保护成员的隐私，使成员有安全感。

7. 理论依据

团体情绪疏导设计需要有理论依据，这决定一份方案是否有逻辑、有深度。可结合领导者自身的受训经验或成员情况来选取理论依据，如合理情绪疗法、行为矫正疗法、正念疗法等理论。

8. 团体情绪疏导效果的评估方法

团体情绪疏导效果可以采用测验、自我陈述报告、观察等方法来评估，可以在团体情绪疏导进程的各个阶段评估，也可以在团体情绪疏导结束后总体评估团体效果。可以由领导者评估，也可以由团体成员评估，还可以由督导和观察员评估。评估内容包括成员的收获、团体目标是否实现、团体互动情况等。在设计情绪疏导方案时要考虑评估工具、评估时间和评估内容。

9. 活动方案

活动方案必须详细列出每一次活动的名称、目标、内容、时长、需要的材料和道具等。活动可分为热身、主题和结束三个部分。在每一次团体活动开始时，成员需要用15~20分钟时间来做热身活动，如微笑握手或做"刮大风""无家可归""解开千千结"等游戏，以使成员尽快融入团体，增进成员的互动，为主题活动做准备。主题活动是团体情绪疏导的核心活动，是实现团体目标的关键部分，应按照团体目标来设计。在每次团体活动结束前5~10分钟，领导者应对本次活动做总结，让成员分享心得或评估活动成效，并预告下一次团体活动的主题或布置家庭作业巩固成员在本次团体活动中的所学所得。

注意，整个团体情绪疏导过程可分为以下四个阶段：团体创始阶段、团体过渡阶段、团体工作阶段、团体结束阶段。在团体创始阶段，主要是针对成员的心理状态进行疏导，注重营造温馨氛围，设计轻松的相识活动，澄清成员的期待，拟定团体契约，建立运作规范，同时应注意避免设计深层次的分享活动。在团体过渡阶段，主要任务是增强成员之间的信任感和团体凝聚力以催化团体动力，此阶段可设计分享性活动、引发成员自我暴露的活动、探讨人际关系的活动、催化团体动力的活动。在团体工作阶段，成员已经建立了彼此的信任感，团体已有一定的凝聚力，成员渴望在团体中学习、成长，此阶段可设计针对团体目标的活动、针对团体需求的活动、针对团体特殊事件的活动、契合领导者专长的活动。在团体结束阶段，主要选择让成员有机会回顾团体经验的活动，同时便于成员彼此交流经验、进行自我评价和团体评估、相互祝福和激励。

10. 其他内容

其他内容包括经费预算、宣传品、成员申请表、团体契约书、评估工具和相关资料等。

四、团体情绪疏导方案的设计注意事项

1. 避免为了活动而活动

活动只是团体情绪疏导的工具或手段，而不是目的。在设计方案时，所选活动要紧扣主题，以达成目标。注意，不一定设计很多活动，要留出交流、分享的时间。

2. 避免照搬照抄

在设计团体情绪疏导方案时，可参考相关资料和同类方案，但切勿照搬照抄，因为每个方案都需要考虑成员的实际需求，需要灵活调整和弹性应对。

3. 避免活动不适当

团体发展需要循序渐进、由表及里、由浅入深。设计团体情绪疏导方案时要考虑成员的适应程度和转变调整的过程。

4. 避免活动之间无衔接

在设计团体情绪疏导方案时，活动与活动之间需要自然过渡和衔接，保持连贯流畅。如果活动衔接不流畅，会让成员产生一种跳跃、不确定的感觉，影响团体效能。

5. 虚心接受督导和同行建议

在设计团体情绪疏导方案后，可向有经验的督导请教，并与同行探讨交流，及时对方案进行修订，为方案的有效实施奠定基础。

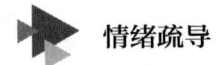情绪疏导

五、团体情绪疏导方案的设计示例

1. 团体名称

与情绪为友：大学生情绪疏导团体。

2. 团体性质

封闭式、结构式、发展性团体。

3. 团体目标

（1）协助团体成员了解自己的主导情绪。
（2）帮助成员感受情绪，使其认识到积极情绪的重要性。
（3）引导成员探索调整情绪、疏导情绪的方法。

4. 团体领导者

张某某，具备团体情绪疏导的基本理论知识，拥有285学时的个案咨询和带领团体情绪疏导的实训经验。

5. 团体成员与规模

大学生，8~12人。

6. 团体活动时间、地点

一次活动，活动时长为2小时；活动地点为一间宽敞、明亮、安静、光线合适的团体情绪疏导室，桌椅可移动。

7. 理论依据

（1）情绪ABC理论。埃利斯认为，是人们常有的一些不合理信念使人们产生情绪困扰。在情绪ABC理论中，A表示诱发性事件；B表示个体针对此诱发性事件产生的一些信念，即对这件事的一些看法、解释；C表示个体的情绪及行为反应。

（2）团体动力学理论。团体绝不是各个互不相干的个体的集合，组成团体的个体之间是有关联的。团体的特征不是由各个个体的特征所决定的，而取决于团体成员相互依存的内在联系。虽然团体的行动要看构成团体的成员本身，但已经建立起来的一个团体会形成很强的纽带，使个体成员的动机与团体目标几乎融为一体。一般说来，通过引起团体变化而改变其中的个体要比直接改变个体容易得多。

8. 活动方案

（1）热身活动——情绪复印机（15分钟）。热身活动的目的是引导成员理解情绪的感染力和影响力，帮助成员学习同一种情绪的不同程度的表达。热身活动的具体实施过程如下。

1）引入。情绪疏导人员邀请全体成员围成一个圆圈并面向圈内，情绪疏导人员参与其中。可参考以下引入语："现在我们每个成员都是一部复印机，负责将前一位同学发出的情绪信息传递给下一位同学。注意，我们这些复印机的控制计算机已经被病毒攻击，复印机复印的结果均夸大前一位同学的情绪信息。请把前一位同学的情绪信息明显放大后，再传给下一位同学。现在，让我们看看，当情绪信息在团体中传递一圈儿后会出现什么情况。注意，我们是夸大了的情绪复印机！"

2）开始活动。进行第一轮游戏时，可以从情绪疏导人员开始，从简单动作开始。例如：情绪疏导人员微微一笑，下一位成员可能笑出声，再下一位成员可能大笑一声，再下一位成员可能大笑两声，再下一位成员可能仰天大笑，再下一位成员可能笑得直不起腰，再下一位成员可能笑得满地打滚……鼓励成员在传递过程中大胆发挥。活动规则可以是越来越复杂，开始时可以选择微笑、悲伤、惊讶、愤怒等单一情绪，待成员都熟悉了活动规则后，可以把任务变成一连串带有情绪色彩的动作。也可以邀请某位成员作为出题者，做出第一个表情或动作，并传递给下一个成员。有个别成员在一开始放不开，动作不到位，这是很正常的，对于扭捏的成员，情绪疏导人员可以邀请其重新做一次。此外，情绪疏导人员的参与程度会显著影响成员的开放程度。因此，情绪疏导人员要首先释放自己，以活跃活动的整体气氛。

3）分享与讨论。情绪疏导人员引导成员讨论以下问题：使用大动作和小动作表达情绪时，感觉有什么差异？在大家面前做出这么夸张的表情和动作，你有什么感受？

邀请成员评选出"最具创意复印机"，为其鼓掌并给予奖励。

4）创新建议。如果希望训练成员对情绪的个性化表达，也可以改变这个活动的内容，如这次所有复印机都感染了另一种奇特的病毒，会将每次收到信息都明显缩小，再传递到下一台复印机。情绪疏导人员可以对成员强调，使用比前一个成员更小的动作幅度，但要明确表达出具有一样含义的情绪。这样，游戏对成员的挑战性就更大了，可以借此跟成员讨论情绪表达的模糊性和内隐性问题。

（2）主题活动（90分钟）

1）情绪自我探究。活动目的是让成员认识自己的情绪，能辨认各种情绪并了解它发生的原因。

①请成员在一张白纸上列出近期令自己高兴的3件事、令自己沮丧的3件事和自

情绪疏导

己向往去做的 3 件事。

②让成员互相分享这些事，以及对这些事的应对方式、认识和评价等。尽量让成员充分地表达自己经历这些事时的情绪，彼此分享，互相学习。

③情绪疏导人员进行总结。可参考以下总结语："不知各位现在的心情如何？是欢乐、烦恼、生气、担心、害怕、难过、失望或是平静，或者根本不懂自己的心情！一早起来，您也许因为看到阳光普照大地而心情愉快，也许因为看到绵绵细雨而心情低落；在学校时，您也许因为逃课没被点到名而高兴，然而又为就快举行的考试而担心；谈恋爱您心花怒放，失恋您垂头丧气。生活因为千变万化的情绪而丰富多彩。情绪本身无所谓好坏，关键在于我们如何看待周围的事物，如何认识和评价所发生的事件。情绪本身不是问题，如何应对才是问题。健康的情绪管理之道是以适当的方式适度表达情绪和调整自己的情绪。"（此为举例，核心思路是引导成员认识到情绪管理的重要性，并且意识到自己才是情绪的主人）

2）快乐清单。活动目的是帮助成员掌握调节情绪的方法和技巧，学会管理情绪。

①请成员回想最近两周令自己开心的事，在笔记本上列出自己的"快乐清单"，每人至少列出 10 项。

②请成员读出自己的"快乐清单"。

③小组脑力激荡。在个人"快乐清单"的启发下，成员开动脑筋尽可能多地找出快乐的事，每个小组请一位成员做记录，完成小组"快乐清单"。

3）RET 自助表。活动目的是请成员再次检查自己对待事件的信念是否有不合理之处，通过调整认知从而调节情绪。在进行活动之前，给每位成员发一份 RET 自助表，自助表内容如下。

①诱发性事件（在我感到情绪困扰或产生自毁行为之前所发生的事件）。

②不合理信念（导致我产生情绪困扰或产生自毁行为的不合理信念）。请圈出所有应用于诱发性事件的不合理信念。

③后果（在我身上出现的，也是我想要改变的情绪困扰或自毁行为）。

④辩论（与每一个圈出的不合理信念辩论）。例如，"为什么我必须干得很棒？""何必证明我必须受人欣赏？"

⑤有效的合理信念（取代不合理信念的合理信念）。例如，"我希望干得很棒但并非一定这样！""尽管我喜欢被人欣赏，但没有理由必须如此！"

请成员检查自己是否还有其他常见的不合理信念，并思考如何转变信念、调整认知。

（3）结束活动（15 分钟）。播放歌曲《感恩的心》，情绪疏导人员在歌声中进行活动回顾总结。请所有成员手拉手围成一个圆圈，共同唱《感恩的心》，结束团体情绪疏导。

学习单元 2

情绪疏导基本会谈技术

知识要求

情绪疏导过程需要使用一些基本的会谈技术,情绪疏导人员应掌握这些基本的会谈技术,并了解其内涵。

一、提问

1. 提问的内涵

情绪疏导人员通过提问收集来访者的信息,了解来访者对问题的看法,澄清相关问题。

2. 提问的功能

(1)有利于情绪疏导人员收集信息,提供情绪疏导的系统框架,确保情绪疏导顺利进行。

(2)有利于来访者澄清问题。

3. 提问技术的使用方法

(1)提问前双方建立良好的工作关系。

情绪疏导

（2）情绪疏导人员提出具体化的问题，一次只提一个问题。

（3）情绪疏导人员给来访者充分的时间思考问题、回答问题。

4. 注意事项

在情绪疏导初期，多使用开放式提问，少使用封闭式提问。也就是说，封闭式提问的使用频率要适当，使用过多容易使来访者被动地回答过多，对咨询关系有一定负面影响。

二、内容反应

1. 内容反应的内涵

内容反应是指情绪疏导人员把来访者提供的内容、想法、观点综合整理后，再反馈给来访者，帮助来访者注意到自己表达的信息内容。

2. 内容反应的功能

（1）帮助情绪疏导人员检查对来访者问题的理解程度。

（2）帮助来访者反思自己表述的内容。

3. 内容反应技术的使用方法

（1）情绪疏导人员整理来访者表述的内容。

（2）情绪疏导人员使用恰当的语句、用自己的语言表达内容。

（3）情绪疏导人员通过积极倾听关注来访者的表情和反应来确认效果。

情景演示

内容反应技术的应用

来访者："这段时间对我来说太艰难了。临近期末，学校有一大堆工作需要完成。上个星期，我母亲生病住院了，白天我要去医院照顾她。等我晚上回到家，孩子都睡着了，没有好好陪孩子。我不知道这样的生活什么时候才能结束。"

情绪疏导人员："学校工作、母亲生病和家里孩子成长都需要你承担责任，你觉得有很多事情需要你花时间来做，你觉得要做到平衡有点儿困难。"

三、情感反应

1. 情感反应的内涵

情感反应是指情绪疏导人员把来访者表达的情感部分的内容综合整理后,再反馈给来访者。

2. 情感反应的功能

(1)了解来访者此时此刻内心的感受。
(2)使来访者更为清晰地认识自己。

3. 情感反应技术的使用方法

(1)情绪疏导人员捕捉来访者使用的情感词汇。
(2)情绪疏导人员观察来访者的非语言行为。
(3)情绪疏导人员使用恰当的语句表达情感。
(4)情绪疏导人员确认反馈效果。

4. 注意事项

情绪疏导人员使用情感反应技术表达的是来访者现在的情感而不是过去的情感。

情感反应技术的应用

来访者:"尽管我的父母很爱我,可是他们的爱有时让我想逃离。有时我觉得很生气,可是想想,他们也是因为要保护我才这么做的。"

情绪疏导人员:"父母的爱让你觉得很无奈。"

四、具体化

1. 具体化的内涵

具体化是指情绪疏导人员协助来访者将所表达的含混不清、空泛、杂乱的内容,以"何人""何时""何地""发生了什么事情""怎么发生的"等问题形式更具体地表

 情绪疏导

达出来。

2. 具体化的功能

（1）帮助来访者进一步明确问题，领悟问题的实质。

（2）澄清来访者所表达的含混不清、空泛、杂乱的内容，把握真实情况，有利于情绪疏导的顺利开展。

3. 具体化技术的使用方法

（1）情绪疏导人员积极倾听，及时发现来访者表述中含混不清、空泛、杂乱的内容。

（2）所具体化内容应有针对性。

（3）将具体化搭配共情、内容反应、情感反应等技术使用，以使来访者更愿意表达。

4. 注意事项

情绪疏导人员应注意具体化技术的使用方式，不可随意使用一些常见词汇或给来访者贴标签。

 情景演示

具体化技术的应用

来访者："尽管我的父母很爱我，可是他们的爱有时让我想逃离。有时我觉得很生气，可是想想，他们也是因为要保护我才这么做的。"

情绪疏导人员："父母的爱让你觉得很无奈（情感反应技术）。你能告诉我父母的哪些做法让你想逃离吗（具体化技术）？"

五、内容表达

1. 内容表达的内涵

内容表达是指情绪疏导人员将自己对来访者的看法、意见、建议等反馈给来访者，直接对来访者施加影响。

内容表达技术与内容反应技术二者有区别，前者是情绪疏导人员表达自己的思想、看法，后者是情绪疏导人员反映来访者的陈述内容。

2. 内容表达的功能

内容表达能够直接对来访者施加影响，能够启发来访者从不同的视角看待、处理问题。

3. 注意事项

情绪疏导人员在使用该技术时应注意自己的措辞，尊重来访者。

六、情感表达

1. 情感表达的内涵

情感表达是指情绪疏导人员将自己的情绪、情感传达给来访者，以影响来访者。

情感表达技术与情感反应技术二者有区别，前者是情绪疏导人员向来访者表达自己的情绪情感，后者是情绪疏导人员将来访者的情感内容反馈给来访者。

2. 情感表达的功能

情绪疏导人员通过情感表达，促使来访者进行思考和改变，而来访者也能了解情绪疏导人员的感受，促进双方关系的发展。

3. 注意事项

情绪疏导人员应围绕情绪疏导的目标进行情感表达，而不是单纯地进行情感表达。

七、解释

1. 解释的内涵

解释是指情绪疏导人员运用心理学原理阐述来访者的思想、情感和行为的原因、实质等，使来访者从新的视角认识自己情绪上的困扰，加深对自己的认识，促进改变。

2. 解释的功能

（1）有助于建立积极的工作关系。

（2）有助于来访者更好地识别、理解自己的问题。

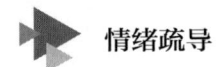

（3）有助于认识来访者认知、情绪和行为之间的关系模式。

3. 注意事项

（1）解释必须建立在良好工作关系的基础上。

（2）情绪疏导人员应对来访者的问题有充分的认识，准确解释。

（3）情绪疏导人员不能把自己的解释强加给来访者。

八、面质

1. 面质的内涵

面质是指情绪疏导人员指出来访者自相矛盾的地方，促进来访者进行探索，最终实现统一。

2. 面质的功能

（1）促进来访者对自己的感受、认知、行为及处境的了解。

（2）激励来访者放下自我防卫，直面现实，获得成长。

（3）帮助来访者学会自我面质，提升自我探索和自我成长的能力。

3. 面质技术的使用方法

（1）情绪疏导人员积极倾听、仔细观察，找出来访者自相矛盾的地方。

（2）情绪疏导人员根据对来访者的了解，判断是否使用面质技术。

（3）情绪疏导人员充分考虑使用面质技术要达到的目的。

4. 注意事项

面质的使用前提是双方建立良好的咨询关系，应结合支持和接纳以保证取得良好效果。

情景演示

【情景一】来访者言行不一致

来访者："我非常喜欢参加班级活动。"

情绪疏导人员："你说你非常喜欢参加班级活动，可你似乎从来没有去。"

【情景二】来访者的理想与现实不一致

来访者:"我和舍友的关系很好,他们很喜欢我。"

情绪疏导人员:"你说你和舍友的关系很好,但实际上你的舍友似乎常常疏远你,甚至孤立你。"

【情景三】来访者的前后言语不一致

来访者:"我这周要认真复习功课。"

情绪疏导人员:"你刚刚说你这周要认真复习功课,可现在你又说你要外出游玩。"

【情景四】来访者与情绪疏导人员意见不一致

来访者:"我觉得我和女朋友的关系糟透了,我和她总是经常吵架。"

情绪疏导人员:"你说你和女朋友的关系糟透了,但我从你的表情中却看出你似乎有些快乐。"

学习单元 3

情绪疏导效果评估技术

知识要求

一、情绪疏导效果评估的时间点

情绪疏导效果的评估包括每次情绪疏导效果的评估和全程情绪疏导结束前效果的评估。

1. 每次情绪疏导效果的评估

情绪疏导人员和来访者围绕情绪疏导目标,对本次情绪疏导进行小结,以便总结经验,及时做出相应的调整。

2. 全程情绪疏导结束前效果的评估

全程情绪疏导结束前效果的评估是对整个情绪疏导过程效果的评估,这是相对更全面、更重要的评估。

二、情绪疏导效果评估的标准

情绪疏导效果评估标准既可以单独使用,也可以综合使用。一般来说,采用多种评估标准更能对情绪疏导效果做出科学、客观的评估。

1. 来访者对情绪疏导效果的自我评估

通过情绪疏导人员的主观感受和症状缓解程度来评估情绪疏导效果。

2. 来访者社会功能恢复的情况

通过来访者的学习、工作、社会交往等社会功能的恢复情况进行评估。

3. 来访者周围人士的评估

通过来访者的家人、朋友和同事等对来访者的各方面表现进行评估。

4. 来访者情绪疏导前后心理测量结果的比较

通过比较来访者前后心理测量结果,根据某些指标的变化来进行评估。

5. 情绪疏导人员的观察与评估

根据情绪疏导人员观察到的来访者认知、情绪、行为等方面的变化来进行评估。

6. 来访者某些症状的改善、缓解程度

通过原先困扰来访者的某些症状的改善、缓解程度进行评估。

学习单元 4

情绪疏导结束技术

知识要求

情绪疏导的结束对于情绪疏导人员和来访者双方都具有重要影响。从情绪疏导的过程来看,情绪疏导结束技术可以分为初次面谈结束技术、每次情绪疏导结束技术及情绪疏导关系结束技术。

情绪疏导的结束对于情绪疏导人员和来访者都具有重要意义。

第一,情绪疏导的次数是有限制的,这就需要在一定时间内完成情绪疏导目标,这种认识能够激励双方朝着共同的目标努力工作,以达到理想效果。

第二,情绪疏导的结束能够使来访者已经改变的情绪、行为和认知方式在日常工作、学习和生活中得到独立的运用,确保情绪疏导的效果得以保持并延续。

第三,结束情绪疏导关系也标志着来访者的成长,情绪疏导人员常常在来访者问题解决,完成情绪疏导目标后选择恰当时机结束情绪疏导关系。这之后来访者将独自面对社会和他人,并处理各种问题,获得新的领悟和成长。

技能要求

初次面谈的结束

初次面谈时,可以预留10分钟左右的时间做好结束的准备工作。

操作步骤

步骤1 对初次面谈了解到的来访者问题进行简要总结。

步骤2 重申保密原则,可参考以下内容:"我可以负责地说,依据职业道德和相关法律法规,今天我们的全部会谈内容会保密,请您放心!"

步骤3 探询来访者是否有继续咨询的意愿。如果来访者愿意继续咨询,则双方做好下次情绪疏导的咨询安排。对于不愿意继续咨询的来访者,情绪疏导人员表示尊重,并向其说明如果改变了主意,可以再来寻求帮助。

步骤4 情绪疏导人员请来访者表达自己对初次面谈的看法和感受。

步骤5 结束会谈,再次表达对来访者的信任。

每次情绪疏导的结束

每次情绪疏导结束前10分钟左右,情绪疏导人员提醒来访者,即将进入本次情绪疏导的结束时间。

操作步骤

步骤1 情绪疏导人员对本次咨询进行总结。

步骤2 情绪疏导人员请来访者表达其对本次咨询的看法和感受。

步骤3 情绪疏导人员和来访者共同商讨下一次的咨询内容。

步骤4 结束本次情绪疏导工作。

情绪疏导关系的结束

一、操作步骤

步骤1 确定情绪疏导结束的时间

在情绪疏导进行了一段时间,经过评估,基本实现情绪疏导目标后,经情绪疏导人员和来访者双方商定认为可以结束情绪疏导时,便可考虑进入结束阶段。

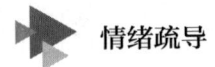
情绪疏导

步骤2 全面回顾和总结情绪疏导要点和效果

在情绪疏导结束前,情绪疏导人员根据情绪疏导目标和实际情况,为来访者做一次全面总结,使来访者对全程情绪疏导有一个整体的认识,也对自己有一个更清楚的认识。

步骤3 帮助来访者运用所学的知识和技术

在结束阶段,情绪疏导人员会帮助来访者运用所学的知识和技术分析处理自己遇到的问题,重点调动来访者的积极性、主动性和独立性。

步骤4 引导来访者接受离别

情绪疏导人员可通过明确停止情绪疏导的日期或逐渐结束的方法使来访者接受离别,也可以请来访者谈谈对结束情绪疏导的感受等,减少其心理上的依赖。

二、注意事项

1. 应充分重视情绪疏导关系,情绪疏导人员和来访者双方都需要一定的时间为结束这种有意义的关系做好准备。

2. 为了有效地结束情绪疏导关系,情绪疏导人员可与来访者商量采用恰当的方法减少来访者的依赖性,提高其独立应对问题的能力。

思考题

1. 团体情绪疏导方案包含的内容有哪些?
2. 情绪疏导的常用会谈技术有哪些?
3. 内容反应和内容表达的区别是什么?
4. 情感反应和情感表达的区别是什么?
5. 情绪疏导效果评估标准是什么?
6. 如何结束情绪疏导关系?

培训任务 8

情绪疏导的伦理道德规范与法律法规要求

学习单元 1

情绪疏导伦理道德规范

知识要求

一、总则

情绪疏导伦理道德规范总则包括善行、责任、诚信、公正和尊重。

1. 善行

情绪疏导人员的工作目的是使来访者从其提供的专业服务中受益。情绪疏导人员应保障来访者的权利，努力使其得到适当的服务并避免伤害。

2. 责任

情绪疏导人员应保持专业水准，认清自己的伦理道德及法律责任，维护专业信誉，并承担相应的社会责任。

3. 诚信

情绪疏导人员在工作中应做到诚实守信，在临床实践、学术研究、教学工作以及各类媒体的宣传推广中保持真实性。

4. 公正

情绪疏导人员应公平、公正地对待工作及相关人员，采取谨慎的态度防止自己潜在的偏见、能力局限、技术限制等导致不适当行为。

5. 尊重

情绪疏导人员应尊重每位来访者，尊重其隐私权、保密性和自我决定的权利。

二、专业关系

情绪疏导人员应按照专业伦理道德规范与来访者建立良好的情绪疏导关系，这种工作关系应以促进来访者成长和发展从而增进其福祉为目的。

1. 情绪疏导人员应公正地对待来访者，不得因年龄、性别、种族、性取向、宗教信仰、政治立场、文化水平、身体状况、社会经济状况等因素歧视对方。

2. 情绪疏导人员应充分尊重和维护来访者的权利，增进其福祉，并避免伤害来访者。如果伤害可预见，情绪疏导人员应在对方知情同意的前提下尽可能避免或将伤害最小化；如果伤害不可避免或无法预见，情绪疏导人员应尽量将伤害程度降至最低，或在事后设法补救。

3. 情绪疏导人员应依照当地政府要求或本单位规定恰当收取服务费用。情绪疏导人员在与来访者建立情绪疏导关系之前，要向来访者清楚地介绍和解释收费情况。

4. 情绪疏导人员不得以收受实物、获得劳务服务或其他方式作为其专业服务的回报，以防止引起冲突、剥削、破坏专业关系等潜在危险。

5. 情绪疏导人员必须尊重来访者的文化多元性。情绪疏导人员应充分觉察自己的价值观及其对来访者可能造成的影响，并尊重来访者的价值观，避免将自己的价值观强加给来访者或替其做重要决定。

6. 情绪疏导人员应清楚自身所处位置对来访者的潜在影响，不得利用其对自己的信任或依赖剥削对方，不得为自己或第三方谋取利益。

7. 情绪疏导人员应清楚多重关系（如与来访者发展家庭、社交、经济、商业或其他密切的个人关系）对专业判断可能造成的不利影响及损害来访者福祉的潜在危险，尽可能避免与来访者发生多重关系。在多重关系不可避免发生时，应采取专业措施预防可能的不利影响，如签署知情同意书、告知多重关系的风险、寻求专业督导、做好相关记录，以确保多重关系不会影响自己的专业判断，并且不会危害来访者。

8. 情绪疏导人员不得与来访者或其家庭成员发生任何形式的性或亲密关系，包括当面和通过电子媒介进行的性行为或亲密沟通与交往。情绪疏导人员不得为与自己有性或亲密关系的人做情绪疏导。一旦情绪疏导人员与来访者的关系超越了专业界限（如开始性和亲密关系），应立即采取适当措施（如寻求督导或同行建议），并终止情绪疏导关系。

9. 情绪疏导人员在与来访者结束情绪疏导关系后至少三年内，不得与其或其家庭成员发生任何形式的性或亲密关系，包括当面和通过电子媒介进行的性行为或亲密沟通与交往。三年后如果发展此类关系，要仔细考察该关系的性质，确保此类关系不存在任何剥削、控制和利用的可能性，同时要有可查证的书面记录。

10. 如果情绪疏导人员和来访者存在除了性或亲密关系以外的其他非情绪疏导关系，可能伤害来访者，应当避免与其建立情绪疏导关系。如果在朋友及亲人面前无法保持客观、中立的态度，情绪疏导人员就不得与他们建立情绪疏导关系。

11. 情绪疏导人员不得随意中断情绪疏导工作。情绪疏导人员出差、休假或临时离开工作地点外出时，要尽早向来访者说明，并适当安排已经开始的情绪疏导工作。

12. 情绪疏导人员认为自己的专业能力不能为来访者提供咨询服务，或不适合与来访者维持情绪疏导关系时，应与督导或同行讨论后，向来访者明确说明情况，并本着负责的态度将其转介给合适的专业人士或机构，同时书面记录转介情况。

13. 当来访者在情绪疏导过程中无法获益时，情绪疏导人员应终止该情绪疏导关系。若受到来访者或相关人士的威胁或伤害，或其拒绝按协议支付专业服务费用，情绪疏导人员可终止情绪疏导关系。

14. 在本专业领域内，不同学派的情绪疏导人员应相互了解、相互尊重。当情绪疏导人员开始服务时，如知晓来访者已经与其他同行建立了情绪疏导关系，而且目前没有终止或者转介，应建议来访者继续在同行处寻求帮助。

15. 情绪疏导人员与心理健康服务领域同行（包括心理咨询师、精神科医生或护士、社会工作者等）的交流和合作可能会影响自己的服务质量。情绪疏导人员应与相关同行建立积极的工作关系和沟通渠道，以保障来访者的利益。

16. 在机构中从事情绪疏导工作的情绪疏导人员未经机构允许，不得将自己在该机构中的来访者转介为个人接诊的来访者。

17. 情绪疏导人员将来访者转介至其他专业人士或机构时，不得收取任何费用，也不得向第三方支付与转介相关的任何费用。

18. 情绪疏导人员应清楚了解来访者赠送礼物对情绪疏导关系的影响。情绪疏导人员在决定是否收取来访者的礼物时需要考虑以下因素：情绪疏导关系、文化习俗、礼物的金钱价值、赠送礼物的动机以及自己接受或拒绝礼物的动机。

下面来看一个案例。

>  **案例一**
>
> 王明是一名专业的情绪疏导人员，最近他接待了一位女性来访者，在情绪疏导过程中，他深深地被对方吸引，发现自己喜欢上了她，于是主动要来了对方的联系方式，并时刻关注她的动态，嘘寒问暖，表示希望和她交往。

结合本例资料分析：王明违反了情绪疏导的伦理道德规范，超越了工作关系界限，对情绪疏导工作的开展产生了不良影响，甚至可能导致该来访者对情绪疏导产生排斥和畏惧。在实际工作中，应该避免类似情况发生。

三、知情同意

来访者可以自由选择是否开始或维持一段情绪疏导关系，且有权充分了解关于情绪疏导工作的过程和情绪疏导人员的专业资质及理论取向。

1. 情绪疏导人员应确保来访者了解自己与来访者双方的权利、责任，明确介绍收费情况，告知来访者享有的保密权利、保密例外情况以及保密界限。情绪疏导人员应认真记录评估、咨询等过程中有关知情同意的讨论过程。

2. 情绪疏导人员应知晓，来访者有权了解下列事项：情绪疏导人员的资质、工作经验以及理论取向；情绪疏导的作用；情绪疏导服务目标；情绪疏导所采用的理论和技术；情绪疏导的过程和局限；情绪疏导可能带来的好处和风险；心理测量与评估的意义，以及测验结果的用途。

3. 在服务被强制要求接受情绪疏导的人员时，情绪疏导人员应当在情绪疏导开始时与其讨论保密原则的强制界限及相关依据。

4. 来访者同时接受其他心理健康服务领域专业工作者的服务时，情绪疏导人员可以根据工作需要，在征得其同意后，联系其他心理健康服务领域专业工作者并与其沟通，以更好地为来访者服务。

5. 只有在得到来访者书面同意的情况下，情绪疏导人员才能对情绪疏导过程录音、录像或进行教学演示。

下面来看一个案例。

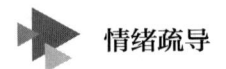

情绪疏导

> **案例二**
>
> 　　有一名情绪疏导人员在情绪疏导过程中被来访者的言语和领悟所触动，因此，在情绪疏导结束后，情绪疏导人员将一部分工作内容分享到了网络社交平台，没想到这条动态很快就获得了大量的关注、点赞和转发。而来访者也恰巧看到了这条动态，虽然里面没有提及她的姓名，但是她觉得自己已经暴露在了大众之下，感到十分愤怒和痛苦。来访者认为情绪疏导人员没有经过她的同意就泄露了她的隐私，生气地找情绪疏导人员理论并声称要起诉，且表示自己永远都不会再信任情绪疏导。

　　结合本例资料分析：由于情绪疏导人员考虑不周，没有充分保证来访者的知情同意权和隐私权，随意在网上发布与情绪疏导过程相关的内容，对来访者造成了极大的不可逆的心理伤害，也对自己的工作造成了不利影响。

四、隐私权和保密性

　　情绪疏导人员有责任保护来访者的隐私权，同时应认识到隐私权在内容和范围上受法律法规和专业伦理道德规范的保护和约束。

　　1. 情绪疏导服务开始时，情绪疏导人员有责任向来访者说明工作的保密原则及其应用限度、保密例外情况，并请来访者签署知情同意书。

　　2. 遇到法律法规规定的需要披露的情况时，情绪疏导人员有义务遵守法律法规，有责任向来访者的监护人、可确认的潜在受害者或相关部门预警，并按照最低限度原则披露有关信息，但必须要求相关人员出示合法的正式文书，并要求他们注意情绪疏导服务相关信息的披露范围。

　　3. 情绪疏导人员应按照法律法规和专业伦理道德规范在严格保密的前提下创建、使用、保存、传递和处理情绪疏导工作相关信息（如个案记录、测验资料、信件、录音、录像等）。情绪疏导人员可告知来访者个案记录的保存方式及相关人员（如同事、督导、个案管理者、信息技术员等）有无权限接触这些记录等。

　　4. 情绪疏导人员因工作需要在案例讨论或教学、学术研究、写作中采用案例时，应隐去可能辨认出来访者的相关信息。

　　5. 情绪疏导人员在教学培训、科普宣传中，应避免使用完整案例，如果有可辨识身份的个人信息（如姓名、家庭背景、特殊成长或创伤经历、体貌特征等），必须采取必要措施保护当事人隐私。

6. 如果由团队为来访者服务,应在团队内部确立保密原则,只有确保来访者隐私受到保护时才能讨论其相关信息。

五、专业胜任力和专业责任

情绪疏导人员应遵守法律法规和专业伦理道德规范,以科学研究为依据,在专业界限和个人能力范围内以负责任的态度开展评估、咨询、治疗、转介、同行督导、实习生指导以及研究工作。情绪疏导人员应不断更新专业知识,提升专业胜任力,促进个人身心健康发展,以更好地满足情绪疏导工作的需要。

1. 情绪疏导人员应在专业能力范围内,根据自己所接受的教育、培训和督导经历和工作经验,为适宜人群提供科学有效的情绪疏导服务。

2. 情绪疏导人员应规范执业,遵守执业场所、机构、行业的制度。

3. 情绪疏导人员应保持自身专业胜任力,充分认识继续教育的意义,参加专业培训,了解专业工作领域的新知识及新进展,必要时寻求专业督导。当缺乏专业督导时,应尽量寻求同行的专业帮助。

4. 情绪疏导人员应关注自我保健,警惕因自己身心健康问题伤害服务对象的可能性,必要时寻求督导或其他专业人员的帮助,或者限制、中断、终止情绪疏导服务。

5. 情绪疏导人员在工作中介绍和宣传自己时,应实事求是地说明专业资历、学历、学位、专业方向等。情绪疏导人员不得贬低其他专业人员,不得以虚假、误导、欺瞒的方式宣传自己或所在机构。

6. 情绪疏导人员应承担必要的社会责任,在部分工作时间中提供低经济回报或公益性质的情绪疏导服务。

下面来看一个案例。

案例三

张涵是一位新入行的情绪疏导人员,在一次情绪疏导中,她了解到来访者总是反复怀疑门窗是否关紧,而且每天反复洗手,每次洗手时一定要从指尖开始洗。张涵意识到这是强迫症的典型表现,但是自己并不擅长处理这类问题。于是,张涵坦诚地告诉来访者自己无法提供进一步的治疗,并且向其提供了转介资源。

情绪疏导

结合本例资料分析：情绪疏导人员应在专业能力范围内，根据自己所接受的教育、培训、督导经历和工作经验，为适宜人群提供科学有效的专业服务，因此本例中的情绪疏导人员所做的决定是负责任且合适的。

六、心理测量与评估

心理测量与评估是情绪疏导工作的组成部分。情绪疏导人员应正确理解心理测量与评估手段在情绪疏导服务中的意义和作用，考虑被测量者或被评估者的个人特征和文化背景，恰当使用测量与评估工具来增进来访者的福祉。

1. 心理测量与评估旨在增进来访者的福祉，使用时不应超越测量目的和适用范围。情绪疏导人员不得滥用心理测量或评估工具。

2. 情绪疏导人员应在接受相关培训并具备一定的专业知识和技能水平后，开展相关测量或评估工作。

3. 情绪疏导人员应根据测量目的与对象，采用自己熟悉且已在国内建立并证实信度、效度的测量工具。若无信度、效度数据，则需要说明测验结果及解释的说服力和局限性。

4. 情绪疏导人员应尊重来访者了解和获得测量与评估结果的权利，在测量或评估后对结果给予准确、客观、对方能理解的解释，以免来访者误解。

5. 未经来访者授权，情绪疏导人员不得向非专业人员或机构泄露其测验和评估的内容与结果。

6. 情绪疏导人员有责任维护心理测验材料和其他评估工具的公正性、完整性和安全性，不得以任何形式向非专业人员泄露或提供不应公开的内容。

下面来看一个案例。

> **案例四**
>
> 李某是一名大二学生，今年20岁。李某在刚上高三的时候，每次模拟考试都会紧张，表现为心烦意乱、坐卧不宁。李某有两次参加高考的经历，这更加重了其紧张程度，李某出现喉咙堵塞、透不过气、胸痛不适的躯体症状至今有3年多的时间。情绪疏导人员为了弄清李某真正的问题，让其填写"艾森克人格问卷"和"焦虑自评量表"，根据问卷和量表的得分，以及李某在躯体、情绪、行为和社会功能各个方面的表现来综合评估他的问题，最终给出客观、准确、全面的评估和疏导。

结合本例资料分析：情绪疏导人员具备心理测量和评估的专业能力，根据情绪疏导的工作伦理守则和来访者的自述，选取了合适的、具有良好信度、效度的测量工具对来访者的身心状况进行了评估，并在此基础上结合面谈，进行了情绪疏导。

七、教学、培训和督导

从事教学、培训和督导工作的情绪疏导人员应努力发展有意义、值得尊重的情绪疏导关系，对教学、培训和督导持真诚、认真、负责的态度。

1. 情绪疏导人员从事教学、培训和督导工作旨在促进学生、被培训者或被督导者的个人及专业能力成长和发展，教学、培训和督导工作应有科学依据。

2. 情绪疏导人员从事教学、培训和督导工作时应持多元化的理论立场，让学生、被培训者或被督导者有机会比较并发展自己的理论立场。督导不得把自己的理论取向强加于被督导者。

3. 从事教学、培训和督导工作的情绪疏导人员应基于其教育背景和专业经验，在胜任能力范围内开展相关工作，且有义务不断提高自己的专业能力和伦理道德意识。督导在督导过程中遇到困难时，也应主动寻求其他督导同行的帮助和指导。

4. 从事教学、培训和督导工作的情绪疏导人员应熟练掌握专业伦理道德规范，并提醒学生、被培训者或被督导者遵守伦理道德规范和承担伦理道德责任。

5. 从事教学、培训工作的情绪疏导人员应采取适当措施设置和规划课程，确保能够提供适当的知识学习和实践训练，达到教学或培训目标。

6. 承担教学任务的情绪疏导人员应向学生明确说明自己与督导各自的角色与责任。

7. 承担培训任务的情绪疏导人员在进行相关宣传时应实事求是，不得夸大或欺瞒。情绪疏导人员应有足够的伦理道德敏感性，有责任采取必要措施保护被培训者个人隐私。情绪疏导人员作为培训项目负责人时，应为该项目提供足够的专业支持，并承担相应责任。

8. 承担督导任务的情绪疏导人员应向被督导者说明督导目的、过程、评估方式及标准，告知督导过程中可能出现的紧急情况及中断、终止督导关系的处理方法。情绪疏导人员应定期评估被督导者的专业表现，并在训练方案中提供反馈，以保障专业服务水准。进行考评时，情绪疏导人员应实事求是，诚实、公平、公正地给出考评意见。

9. 从事教学、培训和督导工作的情绪疏导人员应谨慎评估学生、被培训者或被督导者的个体差异、发展潜能及能力限度，适当关注其不足，必要时给予发展或补救机会。对不适合从事情绪疏导工作的专业人员，应建议其重新考虑职业发展方向。

10. 承担教学、培训和督导任务的情绪疏导人员有责任设定清楚、适当、具有文化敏感度的关系界限，不得与学生、被培训者或被督导者发生性或亲密关系，不得与有亲属关系或亲密关系的专业人员建立督导关系，不得与被督导者开展情绪疏导关系。

11. 从事教学、培训或督导工作的情绪疏导人员应清楚自己在与学生、被培训者或被督导者关系中的优势，不得以工作之便利用对方为自己或第三方牟取私利。

12. 承担教学、培训或督导任务的情绪疏导人员应明确告知学生、被培训者或被督导者，来访者有权了解提供情绪疏导的人员的资质，且他们若在教学、培训和督导过程中使用来访者的信息，应事先征得其同意。

13. 承担教学、培训或督导任务的情绪疏导人员对学生、被培训者或被督导者在情绪疏导工作中违反伦理道德规范的情形应保持敏感，若发现此类情形应与他们认真讨论，并及时处理，以保护来访者；对情节严重者，情绪疏导人员有责任向情绪疏导工作委员会伦理道德工作组或其他适合的权威机构举报。

下面来看一个案例。

> **案例五**
>
> 情绪疏导人员张某应邀给某专科院校做一场情绪疏导知识科普讲座。但是，由于张某在实践中主要按照认知、行为主义学派理论进行情绪疏导，因此他在讲座中也只和大家分享了这两个派的理论与自己的实践经验。

结合本例资料分析：张某的做法失之偏颇，因为情绪疏导的理论和方法有很多，如精神分析疗法、人本主义疗法等，情绪疏导人员在传播知识时，要做到面面俱到但有所侧重，而非以偏概全、一家独大。

八、科学研究

情绪疏导人员应以科学的态度研究并增进对专业领域相关现象的了解，为改善专业领域做贡献。以人为被试者的科学研究应遵守相应的研究规范和伦理道德规范。

1. 情绪疏导人员的研究工作若以人作为研究对象，应尊重人的基本权益，遵守相关法律法规、伦理道德规范以及人类科学研究标准。情绪疏导人员应负责被试者的安全，采取措施保障其权益，避免对其造成躯体、情感或社会性伤害。若研究需要得到相关机构审批，情绪疏导人员应提前呈交具体研究方案以供审核。

2. 情绪疏导人员的研究应获得被试者知情同意，若被试者没有能力表达知情同意，应获得其监护人知情同意。情绪疏导人员应向被试者（或其监护人）说明研究性质、目的、过程、方法、技术、保密原则及局限性，被试者可能体验到的身体或情绪痛苦及干预措施，预期的收益、补偿，研究者和被试者各自的权利和义务，研究成果的传播形式及其可能的受众群体等。

3. 免知情同意仅限于以下情况。一是有理由认为不会给被试者造成痛苦或伤害的研究，包括以下三种情况：正常教学实践研究、课程研究或在教学背景下进行的课堂管理方法研究；采用匿名问卷、以自然观察方式进行的研究或文献研究，其答案未使被试者触犯法律法规，未损害其财务状况、职业或声誉，且其隐私得到保护；在机构背景下进行的工作相关因素研究，不会危及被试者的职业，且其隐私得到保护。二是法律法规或机构管理规定允许的研究。

4. 被试者参与研究，有随时撤回同意和不再继续参与的权利，并且不应因此受到任何惩罚，而且在适当情况下应获得替代咨询、治疗干预等服务。情绪疏导人员不得以任何方式强制被试者参与研究。干预或实验研究需要对照组时，需要适当考虑对照组成员的福祉。

5. 情绪疏导人员不得用隐瞒或欺骗手段对待被试者，除非这种方法对预期研究成果必要且无其他方法代替。研究结束后，必须向被试者适当说明。

6. 禁止情绪疏导人员和当前被试者通过面对面或任何电子媒介发展涉及性或亲密关系的沟通和交往。

7. 撰写研究报告时，情绪疏导人员应客观地说明和讨论研究过程、结果及局限性，不得采用或编造虚假不实的信息或资料，不得隐瞒与研究预期、理论观点、机构、项目、服务、主流意见或既得利益相悖的结果，并声明利益冲突。如果发现已发表研究有重大错误，应更正、撤销、勘误或以其他合适的方式公开纠正。

8. 情绪疏导人员撰写研究报告时应注意对被试者身份的保密（除非得到其书面授权），妥善保管相关资料。

9. 情绪疏导人员在发表文章时不得剽窃他人成果，引用其他研究者或作者的言论或资料时，应按照学术规范等注明原著者及资料来源。

10. 情绪疏导人员进行科学研究、写作时若采用情绪疏导案例，应确保隐匿可辨认出来访者的信息。涉及来访者的案例报告，应与其签署知情同意书。

11. 全文或文中重要部分已登载于某期刊或已列于某出版著作时，情绪疏导人员不得在未获原出版单位许可的情况下再次投稿，同一篇稿件或主要数据相同的稿件不得同时向多个期刊投稿。

12. 研究工作由情绪疏导人员与同行一起完成时，应以适当方式注明全部作者及有特殊贡献者，情绪疏导人员不得以个人名义发表文章或出版著作。

13. 情绪疏导人员审阅学术报告、文稿、基金申请或研究计划时应尊重其保密性和

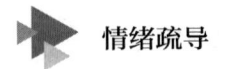

知识产权。情绪疏导人员应审阅自己能力范围内的材料,并避免审核工作受个人偏见影响。

下面来看一个案例。

华生的小阿尔伯特实验是心理学史上非常著名的一项研究,它的影响力一直延续至今,但该实验也饱受批评。在实验中,研究者向小阿尔伯特(不满1岁)同时呈现了大白鼠和令人恐惧的声音,使小阿尔伯特十分惊恐,对大白鼠也从感兴趣转变为恐惧,甚至对其他相似的刺激物也感到害怕。而且,当实验结束时,研究者并没有帮助小阿尔伯特消除这种恐惧。

结合本例资料分析:这项研究明显对被试者的身心产生了伤害,并且可能无限持续下去,严重违反了人类行为研究中现行的伦理道德规范。

九、远程情绪疏导(网络或电话情绪疏导)

情绪疏导人员有责任告知来访者远程情绪疏导的局限性,使其了解远程情绪疏导与面对面情绪疏导的差异。来访者有权选择是否在接受情绪疏导服务时使用网络或电话。需要进行远程情绪疏导的情绪疏导人员有责任考虑相关议题,并遵守相应的伦理道德规范。

1.情绪疏导人员通过网络或电话提供情绪疏导服务时,除了常规的知情同意外,还需要帮助来访者了解并同意下列内容:远程服务所在的地理位置、时区和联系信息;远程情绪疏导的益处、局限性和潜在风险;发生技术故障的可能性及处理方案;无法联系到情绪疏导人员时的应急方案。

2.情绪疏导人员应告知来访者电子记录和远程服务过程在网络传输中的保密局限性,告知来访者相关人员(如同事、督导、个案管理者、信息技术员)有无权限接触这些记录和情绪疏导过程。情绪疏导人员应采取合理预防措施(如设置用户开机密码、网站密码、咨询记录文档密码等),以保证信息传递和保存过程中的安全性。

3.情绪疏导人员进行远程情绪疏导时必须确认来访者的真实身份及联系信息,也需要确认双方具体地理位置和紧急联系人信息,以确保来访者出现危急状况时可有效采取保护措施。

4.情绪疏导人员通过网络或电话与来访者互动并提供情绪疏导服务时,应全程验证对方真实身份，确保对方是与自己达成协议的对象。情绪疏导人员应提供专业资质和专业认证机构的电子链接，并确认电子链接的有效性以保障来访者的权利。

5. 情绪疏导人员应明白与来访者保持情绪疏导关系的必要性。情绪疏导人员应与来访者讨论并建立情绪疏导界限。来访者或情绪疏导人员认为远程情绪疏导无效时，情绪疏导人员应考虑采用面对面的情绪疏导形式。如果情绪疏导人员无法提供面对面服务，应帮助对方转介。

> **相关链接**
>
> 随着科技的发展和第四代、第五代移动通信技术的普及，许多人的通信方式已由原来的短信、电话转变为现在的音频、视频。另外，通信费用大幅降低，通信效率大幅提升，这就使网络情绪疏导成为可能。网络情绪疏导的优势在于不受时空限制，运用起来极为方便。
>
> 情绪疏导人员在进行远程情绪疏导过程中，除了要向来访者说明常规的知情同意条例外，还要验证来访者身份，了解其所处的地理位置和紧急联系人，告知网络情绪疏导的局限性等相关事项。从而保证在紧急情况发生时，情绪疏导人员能够第一时间采取有效措施来遏制事态的进一步恶化，避免不良结果的发生。

十、媒体沟通与合作

情绪疏导人员通过公众媒体和自媒体从事情绪疏导活动，或以专业身份开展情绪疏导服务时（如举办讲座、开展访谈等），与媒体相关人员合作与沟通需要遵守下列伦理道德规范。

1. 情绪疏导人员及其所在机构应与媒体充分沟通，确认合作方了解情绪疏导的专业性质，提醒其自觉遵守伦理道德规范，承担社会责任。

2. 情绪疏导人员应在专业胜任能力范围内，根据自己的教育、培训、督导经历和工作经验与媒体合作，为不同人群提供适宜而有效的情绪疏导服务。

3. 情绪疏导人员如与媒体长期合作，应特别考虑可能产生的影响，并与合作方签署包含伦理道德条款的合作协议。

4. 情绪疏导人员应与拟合作媒体就如何保护来访者个人隐私商讨保密事宜，包括保密限制条件以及对来访者信息的备案、利用、销毁等，并将有关设置告知来访者，并告知其媒体传播可能带来的影响，由其决定是否同意在媒体上自我暴露、是否签署相关协议。

5. 情绪疏导人员通过公众媒体从事教学、讲座、演示等活动或以专业身份提供解释、分析、评论、干预时，应尊重事实，基于专业文献和实践发表言论。其言行皆应遵循专业伦理道德规范，避免伤害来访者、误导大众。

6. 情绪疏导人员接受采访时应要求媒体如实报道。如果发现媒体发布与个人或单位相关的错误、欺诈和欺骗的信息，或其报道断章取义，情绪疏导人员应依据有关法律法规和伦理道德规范要求媒体予以澄清、纠正、道歉，以维护专业声誉、保障受众利益。

下面来看一个案例。

> **案例七**
>
> 李老师是一位资深的情绪疏导人员。一次，她受某电台邀请，去给听众做一次情绪疏导知识的科普讲座。李老师扎实的专业知识、丰富的情绪疏导经验和幽默风趣的谈吐，使这次科普讲座非常成功。事后，该电台的领导找到李老师，邀请李老师与该单位签订协议常驻电台，为听众讲解更多的情绪疏导知识和技巧。李老师告诉相关负责人，签订协议必须以情绪疏导伦理道德规范为依据，并自行拟订了一份合作协议。但是，电台负责人对李老师的"不讨论专业能力范围以外的话题，不分享自己在情绪疏导过程中遇到的真实案例"等条款不满。他们希望李老师能够用一些真实的案例让整个播送过程显得更有趣味性一些。最后，双方都不肯让步，李老师坚持自己的立场，坚守情绪疏导人员的底线，放弃了此次合作。

结合本例资料分析：李老师严格地遵守情绪疏导伦理道德规范，保护来访者个人隐私，避免伤害来访者，一切以来访者的利益为前提。

十一、伦理道德问题处理

情绪疏导人员应在日常工作中践行专业伦理道德规范，并遵守有关法律法规。情绪疏导人员应努力解决伦理道德困境，与相关人员直接而开放地沟通，必要时向督导及同行寻求帮助。情绪疏导工作委员会应设有伦理道德工作组，提供与伦理道德规范有关的解释，接受伦理道德投诉，并处理违反伦理道德规范的案例。

1. 情绪疏导人员应认真学习并遵守伦理道德规范，缺乏相关知识、误解伦理道德条款等都不能成为违反伦理道德规范的理由。

2. 情绪疏导人员一旦觉察自己工作中有失职行为或对职责有误解，应尽快采取措施改正。

3. 若情绪疏导伦理道德规范与法律法规冲突，情绪疏导人员必须让他人了解自己的行为符合专业伦理道德规范，并努力解决冲突。如果这种冲突无法解决，情绪疏导人员应以法律法规作为其行动指南。

4. 如果情绪疏导人员所在机构的要求与情绪疏导伦理道德规范有矛盾之处，情绪疏导人员需要澄清矛盾的实质，表明自己有按专业伦理道德规范行事的责任。情绪疏导人员应坚持伦理道德规范，并合理解决伦理道德规范与机构要求的冲突。

5. 情绪疏导人员若发现同行或同事违反伦理道德规范，应进行规劝，规劝无效则应通过适当渠道反映问题。如其违反伦理道德规范的行为非常明显且已造成严重危害，或违反伦理道德规范的行为无合适的非正式解决途径，情绪疏导人员应向情绪疏导工作委员会伦理道德工作组或其他适合的权威机构举报，以保护来访者的权益，维护行业声誉。情绪疏导人员如果不能确定某种情形或行为是否违反伦理道德规范，可向情绪疏导工作委员会伦理道德工作组或其他适合的权威机构寻求建议。

6. 情绪疏导人员有责任配合情绪疏导工作委员会伦理道德工作组调查可能违反伦理道德规范的行为并采取行动。情绪疏导人员应了解对违反伦理道德规范者的处理规定和申诉程序。

7. 伦理道德投诉案件的处理必须以事实为根据，以伦理道德规范相关条文为依据。

8. 违反伦理道德规范者将按情节轻重给予以下处罚：警告；严重警告，被投诉者必须在指定期限内完成不少于 16 学时的专业伦理道德培训或（和）情绪疏导工作委员会伦理道德工作组指定的惩戒性任务；暂停以情绪疏导人员身份工作，同时暂停其相关权利，必须在指定期限内完成不少于 24 学时的专业伦理道德培训或（和）情绪疏导工作委员会伦理道德工作组指定的惩戒性任务，如果不当行为得以改正则由情绪疏导工作委员会评估讨论后，恢复其情绪疏导工作；永久除名，取消资质，并保留向相关部门通报的权利。

9. 反对以不公正态度或报复方式提出有关伦理道德问题的投诉。

下面来看一个案例。

情绪疏导

> ▶ **案例八**
>
> 　　某来访者在进行第五次情绪疏导时，情绪疏导人员由于前一天临时安排了演讲，竟然忘记跟来访者的预约。在其结束演讲后，才想起跟来访者的预约，但已经太晚了。当天下午，情绪疏导人员非常内疚，打电话给来访者表示歉意，并提出再约一个时间，来访者反应很平淡，说"约就约吧"。于是下一次的情绪疏导就定在两天之后的下午。
>
> 　　不可思议的是，到了那天下午，情绪疏导人员又一次忘记跟来访者的预约。直到在家里吃晚饭时，才突然记起这件事情。情绪疏导人员想，以前自己从来没有犯过这样的错误，而这回竟然在同一位来访者身上犯了两次，肯定有什么原因在起作用。于是，情绪疏导人员放下筷子，用冷水洗了洗脸，稍稍稳定情绪，就去打电话。这次电话不是打给来访者的，而是打给其指导老师的。以前情绪疏导人员在工作中遇到问题，就会去找该指导老师，他们约了一个见面时间，准备好好分析一下这两次错误，并找出背后的原因。

　　结合本例资料分析：即使是有经验的情绪疏导人员也会犯错，因此，情绪疏导人员不仅要对来访者表现出敏锐的觉察力，对自己也是如此。情绪疏导人员应及早发现自身的问题，并寻找专业的督导寻求帮助。敏锐地发现自身问题并不断改进与完善是每一位情绪疏导人员都应该做到的。

学习单元 2

情绪疏导法律法规要求

知识要求

作为具有专业胜任力的情绪疏导人员,除了应掌握专业的理论知识、情绪疏导技能、相关伦理道德规范之外,还有必要掌握相关的法律法规。下面从三个方面介绍情绪疏导法律法规要求,即情绪疏导的法律认可、情绪疏导关系中的法律问题、未成年人情绪疏导的法律问题。

一、情绪疏导的法律认可

《中华人民共和国精神卫生法》相关内容。

第十一条 国家鼓励和支持开展精神卫生专门人才的培养,维护精神卫生工作人员的合法权益,加强精神卫生专业队伍建设。(此处只列出相关条款)

第十二条 各级人民政府和县级以上人民政府有关部门应当采取措施,鼓励和支持组织、个人提供精神卫生志愿服务,捐助精神卫生事业,兴建精神卫生公益设施。(此处只列出相关条款)

第十三条 各级人民政府和县级以上人民政府有关部门应当采取措施,加强心理健康促进和精神障碍预防工作,提高公众心理健康水平。

第十四条 各级人民政府和县级以上人民政府有关部门制定的突发事件应急预案,

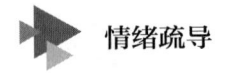情绪疏导

应当包括心理援助的内容。发生突发事件,履行统一领导职责或者组织处置突发事件的人民政府应当根据突发事件的具体情况,按照应急预案的规定,组织开展心理援助工作。

第十五条 用人单位应当创造有益于职工身心健康的工作环境,关注职工的心理健康;对处于职业发展特定时期或者在特殊岗位工作的职工,应当有针对性地开展心理健康教育。

第十六条 各级各类学校应当对学生进行精神卫生知识教育;配备或者聘请心理健康教育教师、辅导人员,并可以设立心理健康辅导室,对学生进行心理健康教育。(此处只列出相关条款)

第二十条 村民委员会、居民委员会应当协助所在地人民政府及其有关部门开展社区心理健康指导、精神卫生知识宣传教育活动,创建有益于居民身心健康的社区环境。(此处只列出相关条款)

第二十二条 国家鼓励和支持新闻媒体、社会组织开展精神卫生的公益性宣传,普及精神卫生知识,引导公众关注心理健康,预防精神障碍的发生。

第二十三条 心理咨询人员应当提高业务素质,遵守执业规范,为社会公众提供专业化的心理咨询服务。(此处只列出相关条款)

第六十一条 省、自治区、直辖市人民政府根据本行政区域的实际情况,统筹规划,整合资源,建设和完善精神卫生服务体系,加强精神障碍预防、治疗和康复服务能力建设。(此处只列出相关条款)

第六十二条 各级人民政府应当根据精神卫生工作需要,加大财政投入力度,保障精神卫生工作所需经费,将精神卫生工作经费列入本级财政预算。

第六十三条 国家加强基层精神卫生服务体系建设,扶持贫困地区、边远地区的精神卫生工作,保障城市社区、农村基层精神卫生工作所需经费。

第六十七条 师范院校应当为学生开设精神卫生课程;医学院校应当为非精神医学专业的学生开设精神卫生课程。

县级以上人民政府教育行政部门对教师进行上岗前和在岗培训,应当有精神卫生的内容,并定期组织心理健康教育教师、辅导人员进行专业培训。

二、情绪疏导关系中的法律问题

1.《中华人民共和国精神卫生法》相关内容

第四条 精神障碍患者的人格尊严、人身和财产安全不受侵犯。

精神障碍患者的教育、劳动、医疗以及从国家和社会获得物质帮助等方面的合法权益受法律保护。

有关单位和个人应当对精神障碍患者的姓名、肖像、住址、工作单位、病历资料以及其他可能推断出其身份的信息予以保密；但是，依法履行职责需要公开的除外。

第五条　全社会应当尊重、理解、关爱精神障碍患者。

任何组织或者个人不得歧视、侮辱、虐待精神障碍患者，不得非法限制精神障碍患者的人身自由。

新闻报道和文学艺术作品等不得含有歧视、侮辱精神障碍患者的内容。

第二十三条　心理咨询人员应当提高业务素质，遵守执业规范，为社会公众提供专业化的心理咨询服务。

心理咨询人员不得从事心理治疗或者精神障碍的诊断、治疗。

心理咨询人员发现接受咨询的人员可能患有精神障碍的，应当建议其到符合本法规定的医疗机构就诊。

心理咨询人员应当尊重接受咨询人员的隐私，并为其保守秘密。

第五十一条　心理治疗活动应当在医疗机构内开展。专门从事心理治疗的人员不得从事精神障碍的诊断，不得为精神障碍患者开具处方或者提供外科治疗。心理治疗的技术规范由国务院卫生行政部门制定。

第七十三条　不符合本法规定条件的医疗机构擅自从事精神障碍诊断、治疗的，由县级以上人民政府卫生行政部门责令停止相关诊疗活动，给予警告，并处五千元以上一万元以下罚款，有违法所得的，没收违法所得；对直接负责的主管人员和其他直接责任人员依法给予或者责令给予降低岗位等级或者撤职、开除的处分；对有关医务人员，吊销其执业证书。

第七十六条　有下列情形之一的，由县级以上人民政府卫生行政部门、工商行政管理部门依据各自职责责令改正，给予警告，并处五千元以上一万元以下罚款，有违法所得的，没收违法所得；造成严重后果的，责令暂停六个月以上一年以下执业活动，直至吊销执业证书或者营业执照：

（一）心理咨询人员从事心理治疗或者精神障碍的诊断、治疗的；

（二）从事心理治疗的人员在医疗机构以外开展心理治疗活动的；

（三）专门从事心理治疗的人员从事精神障碍的诊断的；

（四）专门从事心理治疗的人员为精神障碍患者开具处方或者提供外科治疗的。

心理咨询人员、专门从事心理治疗的人员在心理咨询、心理治疗活动中造成他人人身、财产或者其他损害的，依法承担民事责任。

第七十九条　医疗机构出具的诊断结论表明精神障碍患者应当住院治疗而其监护

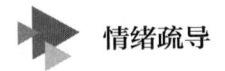 情绪疏导

人拒绝,致使患者造成他人人身、财产损害的,或者患者有其他造成他人人身、财产损害情形的,其监护人依法承担民事责任。

要强调的是,本法所称精神障碍,是指由各种原因引起的感知、情感和思维等精神活动的紊乱或者异常,导致患者明显的心理痛苦或者社会适应等功能损害。

本法所称严重精神障碍,是指疾病症状严重,导致患者社会适应等功能严重损害、对自身健康状况或者客观现实不能完整认识,或者不能处理自身事务的精神障碍。

本法所称精神障碍患者的监护人,是指依照民法通则的有关规定可以担任监护人的人。

2.《中华人民共和国反家庭暴力法》相关内容

第二条 本法所称家庭暴力,是指家庭成员之间以殴打、捆绑、残害、限制人身自由以及经常性谩骂、恐吓等方式实施的身体、精神等侵害行为。

第三条 家庭成员之间应当互相帮助,互相关爱,和睦相处,履行家庭义务。

反家庭暴力是国家、社会和每个家庭的共同责任。

国家禁止任何形式的家庭暴力。

第十三条 家庭暴力受害人及其法定代理人、近亲属可以向加害人或者受害人所在单位、居民委员会、村民委员会、妇女联合会等单位投诉、反映或者求助。有关单位接到家庭暴力投诉、反映或者求助后,应当给予帮助、处理。

家庭暴力受害人及其法定代理人、近亲属也可以向公安机关报案或者依法向人民法院起诉。

单位、个人发现正在发生的家庭暴力行为,有权及时劝阻。

第十四条 学校、幼儿园、医疗机构、居民委员会、村民委员会、社会工作服务机构、救助管理机构、福利机构及其工作人员在工作中发现无民事行为能力人、限制民事行为能力人遭受或者疑似遭受家庭暴力的,应当及时向公安机关报案。公安机关应当对报案人的信息予以保密。

第二十二条 工会、共产主义青年团、妇女联合会、残疾人联合会、居民委员会、村民委员会等应当对实施家庭暴力的加害人进行法治教育,必要时可以对加害人、受害人进行心理辅导。

第三十五条 学校、幼儿园、医疗机构、居民委员会、村民委员会、社会工作服务机构、救助管理机构、福利机构及其工作人员未依照本法第十四条规定向公安机关报案,造成严重后果的,由上级主管部门或者本单位对直接负责的主管人员和其他直接责任人员依法给予处分。

下面来看一个案例。

> **案例一**
>
> 李某与男友张某原系恋爱同居关系。恋爱期间，张某对李某经常进行侮辱、谩骂，致其情绪崩溃、神经衰弱。李某不堪重负结束恋爱关系后，张某经常性地通过微信、短信、电话等方式，对李某进行辱骂。张某还以公开双方的不雅照等手段威胁李某不能分手，否则让李某身败名裂。李某因长期受到前男友恐吓、骚扰，而情绪低落、焦虑、紧张，李某到医院接受诊断，诊断结果为可能严重焦虑、可能严重抑郁等。情绪疏导人员在了解情况后向相关部门进行了反馈。

结合本例资料分析：根据《中华人民共和国反家庭暴力法》第二条的规定，采用谩骂、恐吓等方式对家庭成员的精神实施侵害的行为本身也构成家庭暴力。根据《中华人民共和国反家庭暴力法》第十三条的规定，有关单位接到家庭暴力投诉、反映或者求助后，应当给予帮助、处理；单位、个人发现正在发生的家庭暴力行为，有权及时劝阻。因此，情绪疏导员在了解来访者深受家庭暴力困扰后有权及时劝阻和帮助。

三、未成年人情绪疏导的法律问题

1.《中华人民共和国未成年人保护法》相关内容

第四条　保护未成年人，应当坚持最有利于未成年人的原则。处理涉及未成年人事项，应当符合下列要求：

（四）适应未成年人身心健康发展的规律和特点。（此处只列出相关条款）

第六条　保护未成年人，是国家机关、武装力量、政党、人民团体、企业事业单位、社会组织、城乡基层群众性自治组织、未成年人的监护人以及其他成年人的共同责任。

国家、社会、学校和家庭应当教育和帮助未成年人维护自身合法权益，增强自我保护的意识和能力。

第十一条　任何组织或者个人发现不利于未成年人身心健康或者侵犯未成年人合法权益的情形，都有权劝阻、制止或者向公安、民政、教育等有关部门提出检举、控告。

国家机关、居民委员会、村民委员会、密切接触未成年人的单位及其工作人员，在工作中发现未成年人身心健康受到侵害、疑似受到侵害或者面临其他危险情形的，

情绪疏导

应当立即向公安、民政、教育等有关部门报告。（此处只列出相关条款）

第十七条　未成年人的父母或者其他监护人不得实施下列行为：

（六）放任未成年人沉迷网络，接触危害或者可能影响其身心健康的图书、报刊、电影、广播电视节目、音像制品、电子出版物和网络信息等；

（十一）其他侵犯未成年人身心健康、财产权益或者不依法履行未成年人保护义务的行为。（此处只列出相关条款）

第二十条　未成年人的父母或者其他监护人发现未成年人身心健康受到侵害、疑似受到侵害或者其他合法权益受到侵犯的，应当及时了解情况并采取保护措施；情况严重的，应当立即向公安、民政、教育等部门报告。

第三十条　学校应当根据未成年学生身心发展特点，进行社会生活指导、心理健康辅导、青春期教育和生命教育。

第六十一条　任何组织或者个人不得招用未满十六周岁未成年人，国家另有规定的除外。

任何组织或者个人不得组织未成年人进行危害其身心健康的表演等活动。经未成年人的父母或者其他监护人同意，未成年人参与演出、节目制作等活动，活动组织方应当根据国家有关规定，保障未成年人合法权益。（此处只列出相关条款）

第六十八条　新闻出版、教育、卫生健康、文化和旅游、网信等部门应当定期开展预防未成年人沉迷网络的宣传教育，监督网络产品和服务提供者履行预防未成年人沉迷网络的义务，指导家庭、学校、社会组织互相配合，采取科学、合理的方式对未成年人沉迷网络进行预防和干预。

任何组织或者个人不得以侵害未成年人身心健康的方式对未成年人沉迷网络进行干预。

第九十条　各级人民政府及其有关部门应当对未成年人进行卫生保健和营养指导，提供卫生保健服务。

教育行政部门应当加强未成年人的心理健康教育，建立未成年人心理问题的早期发现和及时干预机制。卫生健康部门应当做好未成年人心理治疗、心理危机干预以及精神障碍早期识别和诊断治疗等工作。（此处只列出相关条款）

第九十七条　县级以上人民政府应当开通全国统一的未成年人保护热线，及时受理、转介侵犯未成年人合法权益的投诉、举报；鼓励和支持人民团体、企业事业单位、社会组织参与建设未成年人保护服务平台、服务热线、服务站点，提供未成年人保护方面的咨询、帮助。

第九十九条　地方人民政府应当培育、引导和规范有关社会组织、社会工作者参与未成年人保护工作，开展家庭教育指导服务，为未成年人的心理辅导、康复救助、

监护及收养评估等提供专业服务。

第一百零一条 公安机关、人民检察院、人民法院和司法行政部门应当确定专门机构或者指定专门人员，负责办理涉及未成年人案件。办理涉及未成年人案件的人员应当经过专门培训，熟悉未成年人身心特点。专门机构或者专门人员中，应当有女性工作人员。

公安机关、人民检察院、人民法院和司法行政部门应当对上述机构和人员实行与未成年人保护工作相适应的评价考核标准。

第一百零二条 公安机关、人民检察院、人民法院和司法行政部门办理涉及未成年人案件，应当考虑未成年人身心特点和健康成长的需要，使用未成年人能够理解的语言和表达方式，听取未成年人的意见。

第一百一十条 公安机关、人民检察院、人民法院讯问未成年犯罪嫌疑人、被告人，询问未成年被害人、证人，应当依法通知其法定代理人或者其成年亲属、所在学校的代表等合适成年人到场，并采取适当方式，在适当场所进行，保障未成年人的名誉权、隐私权和其他合法权益。

人民法院开庭审理涉及未成年人案件，未成年被害人、证人一般不出庭作证；必须出庭的，应当采取保护其隐私的技术手段和心理干预等保护措施。

第一百一十一条 公安机关、人民检察院、人民法院应当与其他有关政府部门、人民团体、社会组织互相配合，对遭受性侵害或者暴力伤害的未成年被害人及其家庭实施必要的心理干预、经济救助、法律援助、转学安置等保护措施。

第一百一十六条 国家鼓励和支持社会组织、社会工作者参与涉及未成年人案件中未成年人的心理干预、法律援助、社会调查、社会观护、教育矫治、社区矫正等工作。

下面来看一个案例。

 案例二

情绪疏导人员接待一名初中一年级（12岁）的来访者。其家长反映来访者最近精神状态和学习状态不佳，不愿意说话，闷闷不乐，不愿意上学。在情绪疏导过程中，情绪疏导人员发现来访者的异常表现后，敏锐意识到可能存在侵害情形，主动追问了解到来访者近期遭受过同班同学的校园欺凌，曾被拉到厕所打耳光，遭受拳打脚踢。情绪疏导人员及时提供线索，向有关部门报案。

结合本例资料分析：根据《中华人民共和国未成年人保护法》第十一条的规定，对于侵犯未成年人合法权益的行为，任何组织和个人都有权劝阻、制止或者向有关部

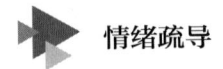

门提出检举、控告；密切接触未成年人的单位及其工作人员，在工作中发现未成年人身心健康受到侵害、疑似受到侵害或者面临其他危险情形的，应当立即向有关部门报告。因此，情绪疏导人员在发现未成年来访者遭受或疑似遭受校园暴力后，需要履行强制报告职责。

2.《中华人民共和国民法典》相关内容

第三十六条　监护人有下列情形之一的，人民法院根据有关个人或者组织的申请，撤销其监护人资格，安排必要的临时监护措施，并按照最有利于被监护人的原则依法指定监护人：

（一）实施严重损害被监护人身心健康的行为。（此处只列出相关条款）

3.《关于建立侵害未成年人案件强制报告制度的意见（试行）》相关内容

第四条　本意见所称在工作中发现未成年人遭受或者疑似遭受不法侵害以及面临不法侵害危险的情况包括：

（九）其他严重侵害未成年人身心健康的情形或未成年人正在面临不法侵害危险的。（此处只列出相关条款）

第十二条　公安机关、人民检察院发现未成年人需要保护救助的，应当委托或者联合民政部门或共青团、妇联等群团组织，对未成年人及其家庭实施必要的经济救助、医疗救治、心理干预、调查评估等保护措施。未成年被害人生活特别困难的，司法机关应当及时启动司法救助。（此处只列出相关条款）

下面来看一个案例。

> **案例三**
>
> 2009年，一对夫妇因婚后常年无子女，领养一个出生不久的女婴钟某某。自2019年起，养母因钟某某（当时10岁）贪玩，常以打骂、罚跪等手段体罚钟某某，以致钟某某经常出现身体不适的情况。养父从2021年暑假开始，在家中多次以触摸胸部、阴部等方式对其实施猥亵。2022年5月10日，情绪疏导人员王某在一次情绪疏导热线服务中收到钟某某的求助。钟某某向情绪疏导人员王某诉说了这些烦恼并表明自己很痛苦，情绪疏导人员王某对钟某某进行了自杀风险评估，并立即进行危机干预。而后根据情况立即履行强制报告职责，果断报警。

结合本例资料分析：本案例中情绪疏导人员在获悉钟某某疑似遭受性侵和家庭暴力后，立即依据《关于建立侵害未成年人权益案件强制报告制度的意见（试行）》，向相关部门及时报告。

思考题

1. 请阐述情绪疏导过程中应遵循的伦理道德规范。

2. 在进行情绪疏导时，情绪疏导人员如果违背伦理道德规范以及法律法规，会对来访者造成什么影响？

3. 在进行情绪疏导时，当伦理道德责任与法律法规产生冲突时，情绪疏导人员应该如何处理？

4. 作为一名情绪疏导人员，如果你的个人问题可能影响工作，从伦理道德规范和法律法规的角度来看，你需要如何应对？

参考文献

[1] 彭聃龄. 普通心理学[M].5版.北京：北京师范大学出版社，2018.

[2] 许燕. 人格心理学[M].2版.北京：北京师范大学出版社，2020.

[3] 李虹. 健康心理学[M].武汉：武汉大学出版社，2007.

[4] 中国就业培训技术指导中心，中国心理卫生协会. 心理咨询师（国家职业资格三级）[M]. 北京：中国劳动社会保障出版社，2017.

[5] 张述祖、沈德立. 基础心理学[M].北京：教育科学出版社，1987.

[6] 钱铭怡. 心理咨询与心理治疗（重排本）[M].北京：北京大学出版社，2016.

[7] 张伯华. 心理咨询与治疗：基本技能训练[M].北京：人民卫生出版社，2011.

[8] 郑希付，王瑶. 健康心理学[M].2版.上海：华东师范大学出版社，2013.

[9] 李心天. 医学心理学[M].北京：人民卫生出版社，1991.

[10] 王建平. 变态心理学[M].2版.北京：中国人民大学出版社，2011.

[11] 钱明. 健康心理学[M].北京：人民卫生出版社，2007.

[12] 伍新春，张军. 教师职业倦怠预防[M].北京：中国轻工业出版社，2008.

[13] 许又新. 神经症[M].北京：人民卫生出版社，1993.

[14] 许燕. 心理咨询与治疗[M].合肥：安徽人民出版社，2007.

[15] 约翰逊. 心理诊断和治疗手册：给心理治疗师的指南[M].卢宁，等译.北京：中国轻工业出版社，2008.

[16] 萨默斯-弗拉纳根 J，萨默斯-弗拉纳根 R. 心理咨询面谈技术[M].陈祉妍，江兰，黄峥，译.4版.北京：中国轻工业出版社，2014.

[17] 郑日昌. 心理测量与测验[M].2版.北京：中国人民大学出版社，2013.

[18] 林仲贤，丁锦红. 心理测验的含义及其应用[J].中国临床康复，2004（03）：522-523.

[19] 郭秀艳. 实验心理学[M].2版.北京：人民教育出版社，2019.

[20] 中国就业培训技术指导中心，中国心理卫生协会. 心理咨询师（基础知识）[M].北京：中国劳动社会保障出版社，2017.

[21] 马淑琴，冉俐雯. 心理咨询技能训练[M].成都：西南交通大学出版社，2019.

[22] 岳晓东. 心理咨询基本功技术[M].北京：清华大学出版社，2015.

[23] 艾伦·E.艾维，玛丽·布莱福德·艾维，卡洛斯·P.扎拉奎特. 心理咨询的技巧和策略：意向性会谈和咨询[M].8版.陆峥，何昊，石骏，等译.上海：上海社会科学院出版社，2018.

[24] 郭念锋. 心理咨询师（三级）[M].北京：民族出版社，2005.

［25］昝飞.行为矫正技术［M］.2版.北京：中国轻工业出版社，2012.

［26］伍新春，胡佩诚.行为矫正［M］.北京：高等教育出版社，2005.

［27］约翰·蒂斯代尔，马克·威廉姆斯，津德尔·西格尔.八周正念之旅：摆脱抑郁与情绪压力［M］.聂晶，译.北京：中国轻工业出版社，2017.

［28］樊富珉.团体心理咨询［M］.北京：高等教育出版社，2005.

［29］樊富珉，何瑾.团体心理辅导［M］.2版.上海：华东师范大学出版社，2022.

［30］张文霞.团体心理辅导［M］.北京：清华大学出版社，2022.

［31］中国心理学会临床心理学注册工作委员会伦理修订工作组，中国心理学会临床心理学注册工作委员会标准制定工作组.中国心理学会临床与咨询心理学工作伦理守则［J］.心理学报，2018，50（11）：1314-1322.

附录1 情绪疏导专项职业能力考核规范

一、定义

运用心理学原理和相关技能协助他人进行情绪管理的能力。

二、适用对象

运用或准备运用本项能力求职、就业的人员。

三、能力标准与鉴定内容

能力名称：情绪疏导　　　　　　　　　　　　　　　职业领域：心理咨询师

工作任务	操作规范	相关知识	考核比重
（一）建立关系与收集资料	1. 能在初诊阶段建立良好的人际关系 2. 能了解和掌握求助者的相关资料	1. 人际关系建立的基本知识与技术 2. 资料收集的内容与技术 3. 职业伦理道德规范	30%
（二）分析与评估	1. 能确定求助者情绪状态及成因 2. 能制定情绪疏导方案	1. 个体常见情绪状态的相关知识 2. 情绪状态的测评与评估技术 3. 制定情绪疏导方案的相关知识	30%
（三）情绪疏导	1. 能实施情绪疏导过程 2. 能进行情绪疏导效果的评估	1. 情绪疏导的相关知识与技术 2. 情绪疏导效果评估技术 3. 情绪疏导结束技术	40%

四、鉴定要求

（一）申报条件

达到法定劳动年龄，具有相应技能的劳动者均可申报。

（二）考评员构成

考评员应具备一定的情绪疏导专业知识及实际操作经验；每个考评组中不少于3

名考评员。

(三) 鉴定方式与鉴定时间

技能操作考核采取上机操作与技能展示评审结合的方式考核。技能操作考核时间不少于 40 min。

(四) 鉴定场地与设备要求

1. 鉴定场地要求

场地光线充足，整洁无干扰，空气流通，具有安全防火措施。考核教室分为两间，一间为机房或者标准教室（设备要求如下），另一间为无设备要求的普通教室。鉴定场地累计面积超过 100 m²，还需要配备候考室。

2. 设备要求（以下方案任选其一）

（1）方案一。机房至少配备 1 台管理机和 10 台考试机（台式计算机），2 个摄像头（或 1 个摄像头、1 套录像设备），组成局域网。设备配置要求如下。

1）管理机、考试机配置。CPU：英特尔酷睿处理器，主频 1.8 GHz，双核处理器或同等性能以上。内存：4 GB 以上。硬盘：250 GB 以上。

2）摄像头配置。100 万像素以上，即插即用。

（2）方案二。标准教室，配备 10 台配有安卓系统的平板计算机、1 台笔记本计算机、1 部无线路由器，2 个摄像头（或 1 个摄像头、1 套录像设备）。

1）平板计算机配置。运行内存 2 GB 或以上，存储内存 8 GB 或以上。

2）笔记本计算机配置。必须配置 RJ45 网络接口且同时带 Wi-Fi 功能。

3）无线路由器配置。具备无线路由功能即可。

4）摄像头配置。100 万像素以上，即插即用。

附录2 情绪疏导专项职业能力培训课程规范

培训任务	学习单元	培训重点难点	参考学时
（一） 健康 心理学	1. 心理学基本知识	重点：心理学的研究内容、各心理学派的基本观点和情绪疏导概述 难点：心理学的研究方法、情绪疏导研究内容	12
	2. 健康心理认知	重点：各心理学派对异常心理的解释 难点：躯体疾病患者的心理症状和特点	
	3. 心理健康标准与评价	重点：心理健康标准 难点：心理异常表现	
	4. 压力与健康心理	重点：压力的来源与评估 难点：压力的应对	
（二） 情绪疏导 诊断	1. 初诊接待	重点：初诊接待流程 难点：初诊接待的注意事项与保密原则	16
	2. 摄入性会谈	重点：摄入性会谈的目标与基本流程 难点：摄入性会谈技巧	
	3. 临床资料的整理与评估	重点：一般资料的收集与整理 难点：既往资料的收集与评估	
	4. 初步诊断	重点：临床资料分析 难点：心理问题诊断的关键点	
（三） 情绪疏导测量 技术	1. 概述	重点：心理测量的性质和功能 难点：心理测验误区	3
	2. 心理测验的准备及实施	重点：心理测验选用原则 难点：心理测验前的准备工作	4
	3. 焦虑自评量表	重点：焦虑自评量表的计分方法 难点：焦虑自评量表的结果解释	15
	4. 抑郁自评量表	重点：抑郁自评量表的计分方法 难点：抑郁自评量表的结果解释	
	5. 情绪调节问卷	重点：情绪调节问卷的计分方法 难点：情绪调节问卷的结果解释	
	6. 90项症状自评量表	重点：90项症状自评量表的计分方法 难点：90项症状自评量表的结果解释	
	7. 艾森克人格问卷	重点：艾森克人格问卷的计分方法 难点：艾森克人格问卷的结果解释	

附录2 情绪疏导专项职业能力培训课程规范

续表

培训任务	学习单元	培训重点难点	参考学时
（四）情绪疏导关系建立技术	1. 尊重	重点：尊重的内涵 难点：尊重技术的使用要求	12
	2. 真诚	重点：真诚的内涵 难点：真诚技术的使用要求	
	3. 共情	重点：共情的内涵 难点：共情技术的使用要求	
	4. 积极倾听	重点：积极倾听的内涵 难点：积极倾听技术的使用要求	
（五）情绪疏导方案的制定	1. 商定情绪疏导目标	重点：情绪疏导目标的内涵 难点：情绪疏导目标的制定原则	6
	2. 商定情绪疏导方案	重点：情绪疏导方案的内涵和内容 难点：商定情绪疏导方案	
（六）情绪疏导操作方法	1. 放松训练	重点：放松训练的实施过程 难点：放松训练的操作技巧	12
	2. 合理情绪疗法	重点：合理情绪疗法的实施过程 难点：合理情绪疗法的操作技巧	20
	3. 系统脱敏疗法	重点：系统脱敏疗法的实施过程 难点：系统脱敏疗法的操作技巧	
	4. 简易行为矫正疗法	重点：简易行为矫正疗法的实施过程 难点：简易行为矫正疗法的操作技巧	
	5. 正念疗法	重点：正念疗法的实施过程 难点：正念疗法的操作技巧	
（七）情绪疏导方案的实施	1. 团体情绪疏导方案的设计和实施	重点：团体情绪疏导方案的设计步骤 难点：团体情绪疏导方案的设计内容	4
	2. 情绪疏导基本会谈技术	重点：基本会谈技术的内涵 难点：基本会谈技术的操作技巧	10
	3. 情绪疏导效果评估技术	重点：情绪疏导效果评估的时间点和标准 难点：情绪疏导效果评估标准	4
	4. 情绪疏导结束技术	重点：情绪疏导结束技术的类型 难点：情绪疏导结束步骤	4
（八）情绪疏导的伦理道德规范与法律法规要求	1. 情绪疏导伦理道德规范	重点和难点：情绪疏导伦理道德规范的理解	4
	2. 情绪疏导法律法规要求	重点和难点：情绪疏导法律法规的理解	
总学时			126

注：参考学时是培训机构开展的理论教学及实操教学的建议学时数，包括岗位实习、现场观摩、自学自练等环节的学时数。